安庆师范大学著作出版资金资助出版
安庆师范大学卓越化开放型教师教育体系建设项目成果

博士论丛

现代人格问题研究

Study on Issues of Modern Personality

王皓宇　著

中国科学技术大学出版社

内容简介

本书将理论与实践应用相结合，探讨了人格心理学的基本知识和如何培养健康人格。全书分为五章：第一章介绍人格的含义、人格的特征、东西方人格特征以及健康人格的标准；第二章讲述人格学派的理论与观点，并贯穿了现代学者的研究思想；第三章从不同角度描述人格障碍的形成因素，分析几种类型人格障碍的特征，并介绍心理治疗方法；第四章介绍环境和遗传在人格形成、发展中的作用；第五章探讨如何培养健康人格。

本书适合高等院校心理学相关专业学生、教育工作者和心理学研究人员等参考使用。

图书在版编目(CIP)数据

现代人格问题研究/王皓宇著.—合肥：中国科学技术大学出版社，2020.6
ISBN 978-7-312-04768-8

Ⅰ.现…　Ⅱ.王…　Ⅲ.人格—研究　Ⅳ.B825

中国版本图书馆 CIP 数据核字(2019)第 164941 号

出版　中国科学技术大学出版社
安徽省合肥市金寨路 96 号，230026
http://press.ustc.edu.cn
http://zgkxjsdxcbs.tmall.com

印刷　合肥华苑印刷包装有限公司

发行　中国科学技术大学出版社

经销　全国新华书店

开本　710 mm×1000 mm　1/16

印张　10

字数　185 千

版次　2020 年 6 月第 1 版

印次　2020 年 6 月第 1 次印刷

定价　36.00 元

前　言

人格心理学家奥尔波特说过，人类已经进入人格时代，这体现了人格在这个时代的重要性。性格决定命运，心态决定成败。健康从“心”开始，心态从人格塑造起步！不良的人格会影响一个人的社会环境适应能力和人际交往能力。此书荟萃国内外学者有关人格问题的研究成果和观点，探讨人格的概念和各种人格理论，以及人格问题的治疗（学术观点）与相关研究的独特之处，比较正常人格与异常人格的区别标准，介绍人格障碍的类型、原因和矫正，阐述环境与遗传对人格发展的影响，最后就健康人格的培养、教育策略以及相关研究成果进行分析，并讲解大量生动、鲜活的实例，从而揭开人格的神秘面纱。

人格心理学是从整体上探讨人的心理活动的一门心理学基础学科，深入地揭示人的心理活动的丰富内涵；它又是一门应用非常广的学科，人们可用所学人格知识提高分析问题和解决实际问题的能力。本书对自学者了解人格心理学、个人成长以及进行家庭教育有帮助，对学者研究有一定的学术和实用价值。

在本书撰写过程中，笔者得到俄罗斯心理学家、俄罗斯国立师范大学副校长 Лариса Александровна Цветкова 院士与 Манёров В Х 教授的帮助，同时得到安庆师范大学教师教育学院领导、心理学专业同事和中国科学技术大学出版社的大力支持，在此一并深表谢意。

限于时间和编写水平，书中难免会有错误、疏漏和不妥之处，敬请谅解、批评指正。

王皓宇
于俄罗斯圣彼得堡
2019 年 2 月

目　　录

第一章　人格概述

第一节　人格的含义

“人格”一词看似很熟悉，但其实是一个外来词。“人格”一词最早在近代由我国的留日学者引入，而日语中“人格”一词又是英语“personality”的翻译。英语中“personality”的词源为拉丁文中的“persona”，即面具，特指古罗马时期剧院演员的角色标志，类似于京剧及川剧中的脸谱。社会学中借用此词意，用来表达社会个体在社会活动中会出于自身角色的变化而变换自我表现方式，这种面具式的表现行为即人格的外在表现，内在人格即真实的自我，与外在人格表现不同，内在人格反映的是个体深层次的精神文化维度。

通过对此词意的不断延伸，“personality”逐渐形成了含义复杂、歧义较多的词，但仍然是围绕人的内在特征与外在表现所进行的表述。在社会普遍的认知中，人格与性格的含义较为相近，即个人所具有的与其他人相互区别的独特的思维方法与行为特征，在此方面的融合词即个性。在俄罗斯心理学界常用“个性”（俄语为“личност”）这个概念强调个体之间的差异，关于人格的定义很多心理学家有不同的理解。到目前为止，对人格的科学定义没有达到统一的局面。

人格心理学的创始人奥尔波特在1937年出版的《人格：心理学的解释》一书中对人格进行了定义：“人格是个体内部决定其独特的顺应环境的那些心理生理系统中的动力组织，它决定一个人对环境独特的适应。”奥尔波特归纳总结了前人对人格概念的探讨，提出了对人格较为全面的定义。他认为，简单地说，人格就是“一个人真正是什么”，具体地说，就是“人格是在个体内在心理生理系统中的动力组织，它决定人对环境适应的独特性”。不同的人格心理学家对人格的界定存在显著的差异，对于人格的定义，可谓仁者见仁，智者见智。集合式定义强调本能和经验，忽视共同性与联系；整合式定义强调整体性，优点在于它有助于明确概念的外延，给人一目了然的感觉，缺点在于难以确定外延的范围，割裂了外延各部分的内在联系。

由于心理学家的理论侧重点不同和研究方法不同，从“人格”这个词出现以来，在两千多年的历史中，许多哲学家、法学家、社会学家与伦理学家等非心理学领域的学者，都通过自己的理解来改变、扩充与促进人格概念内涵的演化与发展。在不同的领域对于人格也有着不同的界定，例如在法律层面，民法领域中的人格主要特指自然人主体性要素，自然人基于彼此的人格要素所建立的关系被称为人格关系，同时根据相关法律规定，法人也享有一定的人格权，但其人格权可以依法剥夺、转让。在中世纪，西方社会中基督教会居于统治地位。一些神职人员探讨了人格的内涵，他们用“人格”这一词来表示上帝三位一体的神性，相信神存在于圣父、圣子和圣灵三位之中，而每一位都享有相同的本质。神父们的这一扩充促进了人格这个词的统一性，强调了人格的内部多样性的统一，把人格概念与真实的本质联系起来，从而削弱了该概念原来的含义，即外表的、不真实的假面具。一些伦理学家认为每个人的内在品质反映一定的价值(其实倡导高尚的品德总和)，把人们的崇高价值当作人格的核心。哲学家(伊悉阿斯)在承认人格的真实性之外，还加上了有理性这一属性，指出人格是真实的有理性的个人的本性。

我国心理学领域中的“人格”一词最早来源于日本对西方心理学著作中“personality”一词的翻译。1949年以后，我国接受了苏联的心理学体系，用苏联心理学中的“личност”取代了西方心理学中“personality”原先的位置，并将“личност”这个词(指能力、气质、性格等个体心理差异)恰如其分地翻译为“个性”。改革开放以来，尤其是苏联解体以后，我国的心理学研究又重新接受了西方的心理学体系，也重新开始了对于“personality”的研究，而从这时起对于“personality”的翻译就出现了“人格”与“个性”混用的现象，比如20世纪八九十年代出版的多种版本的《个性心理学》和《人格心理学》，讨论的其实是同样的问题。当把个性理解为个体区别于他人的稳定的、独特的心理特性时，二者同义。心理学中有些学者会将人格结构划分成性格与气质、能力三大部分，由于“人格”本身也可以区分出共性与个性的不同，因此在心理学等领域(狭义的)“个性”(对应英语单词“individuality”)一词也可以用来指个体人格中与共性相对的部分，也被称为“个体差异性”或“个体特征”“个别差异”，可以说人格不是研究所有的共同心理现象,而是研究人与人之间个体差异性。性格则更多是人格特征中的核心表现(体现差异性),是指个人的品行道德和风格(是个人后天形成的道德行为特征),性格是人对客观现实所持的稳固的态度及与之相适应的习惯化的行为方式。它是人格的重要组成部分,构成了人格核心。性格的英文是“character”,来源于希腊语,原意为雕刻、铭记,古希腊人使用刻刀在蜡板上雕刻,所以“character”的延伸义即文字,性格的表述和蜡板刻字具有异曲同工之处,一部分是蜡板所呈现的先天特征,另一部分是刻刀所造就的环境特质,由此形成了个人生物性与社会性相统一的性格。个体根据社会环境的变化情况而采取的自我可塑行为模式不尽相同,有些适应性较强的个体会表现出较为随和的性格,适应性较弱的个体则会表现出较大的刻板性,这种可塑性程度也展现了性格中的灵活性特点。因此,一些拥有较灵活性格的人会通过环境展现不同的自我特点,并且更容易让大家接受。同样,不同性格的个体在面对同一事物或对事件的感受也存在一定差异,在生物学角度上也就是不同神经系统强度的个体对外界的知觉能力的强弱,通过对此方面的研究可以判断性格是否敏感。

俄罗斯研究人员曾发布一项有关性格和个体差异的研究,该研究要求 45 对父母在孩子几个月大(一般是 7 个月)时评价他们的性情,等孩子 8 岁多时,再依据外倾性和神经质程度等评价成人性格的主要特征来评价孩子的性格。比较两个时间点的评价后,研究人员发现了某些方面的一致性,比如外倾性/外向性评分(他们更爱笑)较高的婴儿,到了 8 岁时,神经质的程度一般会比较低(也就是说他们的情绪更稳定);自我调节评分较高的婴儿到儿童期后,在认真尽责这一成人特质方面得分也较高。如果你的孩子似乎可以长时间集中注意力——好消息——那可能意味着他们再大一点后可以让自己的房间保持整洁。该研究中也有不相互匹配的评价结果,比如微笑,更外向的婴儿到儿童期后并没有在外倾性方面获得更高的评分,这暗示婴儿时期的性情并不总是一成不变的。不过研究结果确实佐证了研究人员的说法:“1 岁时表现出的性情特征奠定了日后性格的基础,同意这一观点的人越来越多。”

抛开性格的概念,气质更具有先天性特点,不同于性格的后天培养特征,气质受到更多的个人高级神经活动的影响。气质是个体心理活动中表现在稳定性、灵活性等动力性质的心理特征,更接近于人们日常中所谈到的脾气、秉性等词。气质的先天性特征是由于气质的形成具有一定的生理基础,气质形成的生理基础较为复杂。现代科学研究表明,气质与人的大脑皮层活动密切相关,同时与皮下组织也存在着紧密关系，人体的内分泌系统与神经系统也对气质的形成起着重要的作用。早在古希腊时期，希波克拉特就根据人体内的液体类型比例将人的气质类型进行了划分，通过黏液、黄胆汁、黑胆汁、血液在个体内的不同比例，将气质划分成了黏液质、胆汁质、抑郁质、多血质等四种类型，虽然这种划分依据在现代科学看来好像毫无根据，但此种划分方式在实践研究中仍具有一定的合理性。人体内的不同液体比例对神经活动的活跃度有着不同的影响，进而也会对人的气质产生不同的影响作用，希波克拉特从人体内的化学反应来推算个体的外在气质特征，此种论证方案虽未经证实，但仍具有一定的科学性和合理性。现代心理学家与医学工作者在此基础上提出了新的气质类型划分学说，例如根据个人体型的胖瘦等，但都未能得到学界接受。血型学说在日本较为流行，日本学者古川竹二将气质的不同归因于人体的不同血型，他的研究虽然采取了一定的抽样分析，但这种观点的合理性仍有待考证。通过现代生理学的研究发现，神经系统的活跃度与人体体液的调节作用密切相关，内分泌系统对气质的养成起着不可忽略的作用，因此社会公众及学界仍保持着对希波克拉特的气质分类标准的认可度。

国外关于人格的研究起步较早，研究成果也比较丰富。由于人格的概念更接近心理学范畴，在心理学的概念中，奥尔波特对于人格进行了如下表述：个体内部系统的动力组织，决定了个体关于环境的独特性调节模式。由此延伸到社会学的诸多领域之中，随着心理学与社会学的不断发展，诸多学者围绕人格进行了不同方面的研究，由于其侧重点不尽相同，不同的学者研究成果也存在较大差异，因此学界对人格的定义议论纷纭，在不同的定义之下，人格已有了超过50种的解释，但最被学术界认可的解释是由 Percin 做出的如下定义：人格是个人在日常生活及社会行为中所提供的方向性与模式性的情感、认知与行为的复杂组合体。

围绕人格的心理学研究中，已形成了人格心理学这一单独的心理学研究分支，人格心理学主要围绕个人特有的行为模式进行分析研究。心理学中的人格概念不仅包含性格，还包括了个人的信念、价值观、世界观等。由于不同社会个体具有不同的人格组成特征，因此不同人的人格具有一定的独特性，在人格心理学研究领域中，学者们通过对人格的构成要素及形成原因，分析其对个人行为塑造与决策的影响与预测作用。

在心理学的研究领域中，人格心理学是其中最繁杂的分支，其研究层面大到人性本质，小到行为细节，从宏观到微观，人格心理学涉猎广泛，虽然主要是以人为中心,但是围绕人的行为需采用不同学科知识建立起一整套人格心理学学科系统,首先从最底层的个人意识、感觉与学习方面,结合情绪、智力与动机因素,形成人格系统。人格心理学通过对不同细分层面的组织和整合,使得人格心理学的研究工作不仅在心理学领域,在涉及人的生物科学、社会科学等学科中也具有着重要的基础性作用。

正是人格心理学的复杂性与系统性,使得人格心理学虽然创立时间较早,但在漫长的发展过程中仍未形成完整的、全面的学科体系结构,致使人格心理学的研究发展受到巨大的制约。相较于心理学系统中的其他研究分支,人格心理学是唯一的现存体系无法表现其研究情况的分支。其主要表现即在人格的定义上所存在的巨大分歧,即便抛开关于人格定义的分歧,长期以来的发展过程中人格心理学未能建立起一套完整的知识体系对其研究成果进行归纳总结,使得人格心理学的发展极为缓慢,成果不受重视或者难以发挥真正的作用。面对这种较为尴尬的发展现状,对其原因进行分析,可以追溯到人格心理学学科的起源上。

学界广泛认可的人格理论是20世纪初由精神分析学说发展而来的,较为成熟的是弗洛伊德的研究理论,其关于人格的研究中将人格理论分为人格动力、人格结构与人格发展三大部分。此结构的划分对日后人格心理学的研究发展造成了广泛而深远的影响,并且直接影响了人格心理学学科架构的形成与建立,并对人格研究的发展及相关理论的延伸发挥着巨大作用。但某些方面也制约了人格心理学的学科突破与创新。

在关于人格概念的研究中,不同的学者在不同的研究阶段对人格概念进行了相应界定,根据对以往资料的整理和分析,结合国内社会的传统认知与学术表达习惯,我们结合郭永玉的相关论述对人格进行定义:人格即个体在各类交互行为中形成的内在动力与外在模式的组合体。

综上所述,我们可以将人格定义为:人格指一个人的整个心理面貌,一个相对稳定的组织结构等各种心理特征的总和,是个体在遗传素质的基础上,通过与后天环境的相互作用而形成的相对稳定的和独特的心理行为模式。它是在长期的社会生活实践中形成、发展起来的,包括气质、性格、能力、兴趣、爱好、需要、理想、信念等内容。人与人之间显著的差别就在于人格。

第二节　人格的基本特征

人格是人在进行社会交往活动中所展现的关于行为、思想和情感的特有模式，此种模式使得个体具有可与其他个体相互区分的特质。个体一方面通过外显行为展示着其人格的独特之处，另一方面也通过人格中内在隐藏的特质使得自己有着足够稳定而具有区分度的心理特征。人格作为一个系统性的心理结构，包含了个体的气质、品性、自我控制等各种方面。我们经常会看到一些优秀的影视作品或小说中，不同人物角色特点非常鲜明，这都是因为作者赋予了这些人物角色不同的人格特质。

人格的特质是人格产生的根基，也是心理学中个人组织的基本构建单元，每个人结合自身的生理条件、外在环境所形成的具有一定稳定性的性格特质，当个体具备某些人格中的特质时，个体的思维习惯与行为方式都会产生一定倾向性的改变。同时由于人作为社会性群居动物，其社会性特征决定了人格中所具有的共同特质的存在，共同特质即人类所具有的相近的人格特质，人类自进化早期便以群居性的方式进行生存活动，由此产生的共同特质伴随着人类社会的发展演变保留了一部分，此部分也作为人类所共有的人格特质而存在。同时人类虽然是群居性生存，但由于原始社会阶段便已产生出领地及私产的概念，不同人类个体之间关于自身的存在具有一定的利益差异，这也是个体的自我性与自私性，由此形成了个体人格的特质，是个体在社会活动中所拥有的独特性名片。

关于个体人格中的个人特质也有着内在的细分差别，个人特质依据内在不同要素的不同作用，可以分成首要特质、中心特质与次要特质等三大特质。从字面理解可知，首要特质即在个体人格的个人特质中发挥着首要作用；中心特质代表了个体人格的核心部分，以与其他个体人格相区别；次要特质则具有一定的辅助作用，对于整体人格特质起不到太大的倾向性作用。例如对漫威英雄钢铁侠这一人物进行深度剖析我们可以看出，钢铁侠斯塔克具有强烈的正义感，这个就是钢铁侠的首要特质，其中心特质是责任心、自负、偏执、焦虑，次要特质则是善良、孤独等。由此可见，丰富的人格特质对于丰富一个人的人格形象发挥着巨大作用。结合人格特质中的不同元素的差异化表现，可见人格也具有一定的明显特征，使得人格特质具有鲜明的特性。

一、人格具有独特性

由于不同社会个体的遗传基因不同，且后天的成长环境有较大差异，在接受不同的教育环境下，随着成长过程中各类后天因素交互产生作用，使得个体内部产生了不同且复杂的心理特点。即便在同一个生长环境下，由于不同社会个体具有不同的感受效果，所以也会有着完全不同的人格特点。在国外有些双胞胎家庭中，双胞胎姐妹从小到大在同一个环境中成长，接受着相同的教育，长大后通过外表很难分辨出姐妹的差别，但通过与双胞胎各自的交流接触可以感受到姐妹间性格的差异，这印证了人格受到内在特质与外在环境的双重影响。但在一定的文化中并不排除共同性。

二、人格具有稳定性

正如我们所说的"江山易改，本性难移"，一个人的某种人格特质一旦稳定下来，想要改变是较为困难的事，这种稳定性还表现在人格特征在不同时空下的一致性。在个体的行为中偶发性的行为及心理特征不能称为人格表现，人格具备时间上的连续性。例如个体从幼年至成年的过程中，其人格特征在不同的成长阶段中具有一定的稳定性，不会具有较大的变化性。同时人格的稳定性也是区分正常人格与异常人格的重要原则，异常人格即在没有明显的外部环境刺激下，个体人格特征的骤然变化，即个体心理活动出现了异常。例如一个守财奴突然挥金如土，或者一个热情好客的人突然变得对人冷淡排斥，结合这些人的生活环境如进行排查，如果无法找到其人格特征出现变化的诱因，我们就可以推测是由于其内部心理活动的变化使得其行为出现了异常，即可以判断此人出现了异常人格。

三、人格具有综合性(整体性)

综合性是衡量个体心理健康的重要指标。人格中各种心里特征交织相互影响构成一个有机的整体性。当一个人的人格结构各方面彼此和谐一致时，会朝向一定的目标，作为一个整体而动作就会呈现健康的人格，否则就会发生心理冲突，导致生活适应困难，甚至出现人格分裂等，心理的完整性是人格健康的表征。

个体人格是由多种人格要素如个体的情绪、思维、价值观、情感、判断力等共同构成，其人格系统中的各个元素不是孤立存在的，甚至其中某一元素特质的变化也会引起其他人格特质的改变。健全的人格系统中，在人格的综合性特征下，个体关于人格系统的控制会有一个统一的指挥系统，但在个体精神受创的情况下，人格系统缺乏统一控制，使得各个元素特质各自为政，在外界看来就是产生了人格分裂，如电影《二十四个比利》中的比利人格分裂，就是人格的综合性出现了问题，使得比利出现了二十四重人格。同样，由于人格的综合性特征，人格的各元素特质对于个体的社会行为发挥着重要的作用，因此社会公众也越来越注重对人格的培养和教育，即进行人格塑造。一般是通过多类知识的灌输激发个体的记忆活动进行人格的养成，但是这种片面的做法具有显著的局限性，忽略了人格的综合性特征，人格的养成相当复杂，不仅需要知识储备，还要有良好的生理基础，后天科学的教育方法，高尚的情操陶冶，良好的自我修养。健全的人格是美德、品德、修养、思想等的综合体现，如果只是一味进行知识的灌输而忽略其他方面的教育，可能养成的只是一个危害社会的工具。

四、人格具有功能性

个体的人格特征会直接地影响到个体的生活方式与生活态度，进而对个体的选择、抉择产生重大影响，对于个体具有命运性的影响作用。人格是一个人生活成败、喜怒哀乐的根源。正如人们常说的“性格决定命运”。人格决定了一个人的生活方式，有时甚至会决定一个人的命运。人们常常使用人格特征解释某人的言行及事件的原因。面对挫折与失败，有志者认真总结经验教训，在失败的废墟上重建人生的辉煌；而怯懦的人一蹶不振，失去了奋斗的目标。当人格功能发挥正常时，外在表现为健康而有力，支配着人的生活与成败；当人格功能失调时，就会表现出懦弱、无力、失控甚至变态。

例如在社会生活的压力环境中，不同的人格应对压力的影响会有着不同的表现，同时也在不同的层面发挥着作用。有些个体在面对压力源时会及时通过内在人格系统的调节作用来抵消掉外部压力对于神经系统及内分泌系统的刺激，而有些个体在面对压力的时候会直接出现内分泌系统与神经系统紊乱，致使个体无法做出相应的正确判断。例如在股灾出现的情况下，有些投资者泰然处之，而有些投资人则集体走向证券交易所的天台。面对个体的发展，人格的功能性中的创造力因素对于个体人格特质也发挥着较大影响。创造性个体具有特有的社会取向，通过发挥其自主性与独立性，为社会创造出更多的价值。

五、人格具有复杂性

世上没有完全相同的两片树叶，对于不同的个体，不同的人格特征使得其表现截然不同，在面对同一外部环境挑战时，不同个体会给出不同的条件反应。人格也是多面的，不同年龄的人群及不同群体的个人所呈现的人格也是不同的，并且随着后天环境的变化及个人阅历的增加，人格也会改变。同样，一个人可能会有多种人格表现，例如有些人面对幼童是一种态度，但面对女性则是一种截然不同的态度。例如《穆斯林的葬礼》一书中梁君璧的人格特征的变化也直接展现了复杂性这一特征。梁君璧在少女时期温婉可人，娇弱善良，但在遭受重大变故之后，她开始变得更加坚强、踏实能干，展现了女子的刚毅与坚强。在嫁为人妇之后，随着岁月的摧残，梁君璧原有的美好气质逐渐褪去，给人一种尖酸刻薄、冷酷无情之感，与之前有着较大反差。一些读者很是怜惜梁君璧的这种改变，对于她人格的转变给予了较大的同情与理解。这种情况也印证了人格复杂性的普遍存在，在不同条件下，人格会以不同的表现方式展现着相应的人物特点。

六、人格具有社会性

人格(个性)既有生物性，又有社会性，人格不是生下来就有的，而是在先天遗传素质的基础上，通过与后天环境相互作用而形成的。

社会性是人类与动物进行区分的重要特征之一，人格也是作为社会个体的人所特有的。人格是人类通过个体遗传的生物信息基础上，结合社会环境的影响作用所共同形成的。人格一方面受到个体生物性的影响，另一方面也受到社会性因素的制约。不管是什么样的人，不同的人格产生的行为都需要遵守社会规范、道德习惯等。人格是社会化的结果，缺少社会性条件也就难以形成完整意义上的人格。在社交生活中，个体为了获取更多的信息会快速了解与自己交流的对象，从生物性角度上讲，这是个体熟悉环境以获取信息的本能。在原始社会中，原始人类认为只有了解到其他人的信息才能有效地保护自己的利益与安全。同时人体的大脑面对社会交往中海量的信息有自动归类整理的功能，并会根据自身所掌握到的知识类型与信息量，结合个体的价值取向进行信息分类，这也是人格特征对于社会化信息处理的一种表现。

第三节　东西方人格特征

一、东西方人格发展背景

自人类文明产生以来，人类从未停止对外部世界的探索，从征服新大陆到征服外太空。同样，关于人类内部精神世界的自我探寻也从未停止，在原始社会时期便已出现巫师对自我精神进行剖析，由此产生出了一定的宗教信仰。在社会发展成熟之后，东西方文化发展迥异，在早期的文明交流中，东西方人群都意识到了彼此间不同的人格特点，并以最初的好奇心对此进行探究。

在西方社会，人的观念首先出现在古罗马时期，人是作为奴隶社会中的成员而存在的，人即公民，具有一定的政治权利与义务，到了中世纪直至近代，康德等哲学家为“人”这一概念增添了很多精神性的元素，将人看作思维与行动的统一体。

在中国古代社会，人的抽象概念是区别于其他动植物的，来自于神话传说中的女娲造人故事。中国古代人格心理学研究，历史悠久，源远流长，“四书”、“五经”、《史记》都是没有人格这一词的，主要研究人性，或人品、品格。中国人日常使用的人格更接近人品，带有鲜明的道德评价和褒贬意思，例如：这个人有人格（褒奖他有气节有操守），那个人没有人格（批评他道德水平低劣）。

儒家代表人物孟子解释道，人之所以为人，是由于人所特有的仁爱之心，这也是人区别于动物的所在。随着儒家学说被封建帝王运用为统治工具，关于人的仁爱表述逐渐演变成封建伦理纲常。我国最早的历史文献之一《尚书》中就有关于人格类型的描述，提出了所谓九德，即“宽而栗，柔而立，愿而恭，乱而敬，扰而毅，直而温，简而廉，刚而塞，强而义”。这一分类对后世中国人格心理学思想的发展有更大的影响。

二、西方社会人格特征

由于自然地理环境的区隔，东西方呈现了不同的文化发展特色，作为欧洲思想巨匠的德国在人文学科方面取得了巨大成就，德国哲学家斯宾格勒将近现代的西方文化称为浮士德式文化，在人格方面，人类学家本尼迪克将西方人格称为浮士德人格。歌德在《浮士德》一书中详细勾勒了西方人格特征。浮士德精神是欧洲文艺复兴时期所兴起的一种崭新世界观。这种世界观代表了无限上升的生命体验及征服世界的意志。同样，这种形象也显示出了西欧人与其他民族的文化特征的区别。

同时，从古希腊神话中也可以看出，西方人一直有着对外界未知世界的敬畏之心，但这种敬畏激发了他们无穷的探索欲，使得西方人格天然具有一种探险精神。另外在古希腊时期，由于希腊文明发展较为成熟，西方人更推崇真理，崇尚智慧的力量，这一人格特征在漫长的历史岁月中并没有流失，而是通过文艺复兴及启蒙运动影响了全人类的发展进步。特别是在古罗马时期，随着自然法及习惯法的形成，西方社会逐渐形成了以法律和信仰为准绳的社会关系，且在社会发展中进行了相互渗透和融合。在这种社会环境下，西方人崇尚信仰，具有契约精神，其注重实用性的人格特征将这种契约精神运用到社会生活实践中，极大推动了社会进步。

在古希腊时期，关于人格相关的词汇均是一种理性概念的表达，反映了这一时期西方人人格观念的理性特征。苏格拉底哲学很大部分内容也是体现了对人生的思考，同时包含了对人格的研究。苏格拉底从来没有走出过雅典城邦，在他看来，城邦之外的外部世界并不会给认识别人或发现自我带来什么有益之处，这种“无知性”被苏格拉底看作人格局限性的重要特征，同时他提出了“认识你自己”的著名哲学口号，将发现自我看作人通往神的动力途径。在西方社会，宗教思想对现实影响作用重大，宗教理念所创造的人格观点通常会以扳道工的角色限定着社会人的行为。在观念形成后，相关宗教伦理的理性化表述已经确立，个人乃至整个社会群体的生活方式都会受到强烈影响，这种效果通常会在某些宗教领袖的带动下而实现。

在柏拉图的相关表述中，神是完美人格的化身，但是在现实社会中，很难会有人能够达到那种公正完美的程度。现实中个体会认知到自身局限性，也会朝着社会所期许的完美人格去不断努力，这为西方人个体人格的提升提供了方向上的指引，进而产生了西方人人格中理想化人格的特点，这种特点也使得西方社会中的普世价值观得以存在。在这种理想化的人格面孔下依然无法掩盖西方人人格中的现实功利性，同时西方人这种对于私利的注重有着多方面的历史原因。

作为古希腊文化的代表性成果，《荷马史诗》的内容奠定了整个西方社会伦理思想价值体系的基础，首先肯定了私产的合法性，肯定了独立人格的价值，歌颂了个人的力量。对此普罗泰戈拉提出了“人是万物的尺度”的著名论调，以上均是以人为本位的展现，多是侧重于个体能力的展现。这种价值追求对于西方社会的影响直至今天，西方人认为放弃个人主义即为放弃了作为一个人的本质。同时，在西方社会中，骑士精神广泛存在，道义之心具有一席之地。随着社会经济的逐渐发展，特别是在工业革命之后，随着资本主义经济模式逐渐确立，西方社会逐渐形成了个人本位思想，这种注重个人物质价值取向的人格特征客观上极具生命力，它在人格建构层面体现出了彰显个性的特点，基于此种人格特点，后来学界形成了“功利主义”的观点。多数人主张个人的幸福是实现社会幸福的基础，利己行为被认为是个体的本能反应，应该受到尊重。在此基础上的伦理观点普遍将个体对于社会的责任控制在较小的范围之内，并对那种无私奉献行为嗤之以鼻。虽然说真诚的付出的确是高尚人格的表现，但西方文化中对于私有财产的保护与独立人格的捍卫也是极其重要的价值诉求。

三、俄罗斯社会人格特征

虽然同属于西方文明，俄罗斯文化在其中显然属于异类。俄罗斯民族在东欧各民族中更是一个极具个性特点的民族，在俄罗斯人性格特点的形成过程中，自然地理环境和政治宗教因素均发挥着重要的影响作用。

首先，自然地理环境上，俄罗斯横跨亚欧大陆，环拥北冰洋，冻土广布，气候恶劣，但广袤的国土上有着丰厚的资源。俄罗斯是世界上面积最大的国家，平原广阔，河流纵横，这种环境下成长的俄罗斯人具有了很多天然的美德，但也滋生出了很多缺点，使得传统欧洲国家拒不接纳俄罗斯。俄罗斯始终以一个独行者的角色站在欧洲的大门之外，这也使得俄罗斯人具有天然的独立性，从沙俄时期的落后农业国一跃成为世界性工业强国，在苏联卫国战争中阻挡了千万纳粹铁骑，捍卫了人类文明的正义。说起俄罗斯的历史，不得不提到历史上另外一次自卫反击战。拿破仑征服了德意志地区之后，他率领数万骑兵所向无敌，一路直捣莫斯科，俄国无力迎战，一把大火烧了莫斯科，给拿破仑留下一个千疮百孔的空城。这种情形让拿破仑目瞪口呆，随着冬天的到来，他的军队最终被俄国的寒冬所打败。俄罗斯从历史上就是一个生于危难的民族，不断地有来自西方的强敌妄图征服她，毁灭她，但她从未被毁灭，通过无数次战斗，一次次从废墟中站了起来，并成长为世界巨人，这种罕见的磨难给了外界以俄罗斯人好战的认知，其实俄罗斯人并不是好战，而是面对危险不惜用自己的身体来捍卫自己的权利。

同时，俄罗斯的历史中有着长达数个世纪的农奴时期，落后的农业生产方式和奴隶制度束缚着俄罗斯人的自由，形成了俄罗斯民族的精神枷锁，当西欧国家通过文艺复兴已经发掘人性的光辉的时候，众多的俄罗斯人还是农奴主的奴隶；当西欧国家通过启蒙运动开始争取自由人格权利的时候，众多的俄罗斯人依然是农奴主的奴隶；当西欧国家通过工业革命开始实现资本主义经济发展的时候，众多的俄罗斯人还是农奴主的奴隶。这种漫长的农奴社会制度使得俄罗斯人有着无限的忍耐力，这也是奴隶制中的人们所少有的，这种温顺忍辱的性情一些国家并不认同。

同时农奴社会中的集体农庄生活及东正教的组织制度，使得俄罗斯人具有较强的集体精神，并且由于个人权利的被剥夺，也造成俄罗斯人对个人价值的忽视，在农奴时期，一个俄罗斯人一旦离开农庄，就难以生存下去，法律也剥夺了个人离开农庄后的一切权利。

除了历史原因，宗教因素也对俄罗斯的社会发展产生了深远的影响。自10世纪起，随着东正教传入俄罗斯，对俄罗斯产生深入影响，它的许多教义构成了俄罗斯人的世界观内容，对于俄罗斯人的民族意识和人格特征都起到了潜移默化的作用，俄罗斯人人格特征中的矛盾性、极端性和这些因素都有着紧密的联系，同时通过现代俄罗斯的一些对外活动政策我们也可以直接看出这些暴露出来的俄罗斯人的性格特点。俄罗斯的国徽是双头鹰，自沙皇俄国时期便已出现，双头鹰一个头面向欧洲，一个头朝向亚洲，这种两面性不同于西方也不同于东方，也使得俄罗斯人兼具着东方人和西方人的某些特征，人格上呈现出矛盾的二重性。

四、东方社会人格特征

此处以中国社会为例，介绍东方社会的人格特征。中华文明历史悠久，在传统文化中关于人格修养特别强调道义问题，道义也一直是中国传统伦理体系中的重要命题。春秋时期，百家争鸣，社会肯定了物质的作用，但注重群体的利益，甚至将道义看得比生命还重。古话说："生亦我所欲也，义亦我所欲也，二者不可得兼，舍生而取义者也。"这句话影响了中国人数千年。

同时中国传统社会关于个体人格修养中特别强调了君王的角色，封建思想认为君王为天之子，要循道而行，爱民如子，这就是君王道义的表现。这也说明了中国社会将伦理道德的核心依旧定位在了个人身上，即为人格的表现。传统伦理道德对于人格的约束性根深蒂固，在个体人格的塑造中是一个由己至外的过程，进而着意于整个社会与国家的道义环境。这种整体看来即为天下大同的一种表现，在现代看来就是和谐社会。

和谐是东方人一贯追求的精神品质和思想境界，也是中国人人格中的基本内容表现。这种和谐的特征不仅是个体的内部和谐，更是个体与外在环境之间，在整个社会基础上形成的和谐氛围，也是一种天地人之间的天人合一境界。在此基础上，东方人讲究构建一种和谐性的社会关系与人际关系。和谐不仅是一种空虚的概念，同时有非常务实的特征，主要反映在东方人待人处事的具体方法上，中国人讲求中庸之道。先贤孔子认为中庸是个体处理事务时一种合乎品性的行为方式，君子讲究和而不同，执两用中，这表现在人格塑造中略微呈现了中国人人格中看似模棱两可的特点。

同时东方人自古就十分注重人与自然的关系，并将此看成为天人关系，天人感应等，这种世界观赋予了自然以人文的仪式。在此基础上，中国的传统伦理体系要求人要效天而行，认为循天道、化天性为德性就是人格的至高境界，在这种儒道哲学体系的交织下，传统伦理体系萌生了"天人合一"的基调。同时，在天人合一思想影响下的中国传统文化，将个人看作为天地的一份子，与万物是融为一体。在此种观念下，个体的独立性受到了压制，甚至出现了存天理灭人欲的说教，只能通过格物致知来实现自我的独立与精神的飞跃。

春秋百家中其他派别的理念对于中国人人格的养成也有一定的作用。墨家提出了"兼相爱，交相利"。墨家子弟身体力行，并在各诸侯国中游说传播其理念，这种平民式的人格具有独特的理想型特征。在春秋各国的争霸过程中，墨家子弟不断帮助小国抵御大国的进攻，并在楚宋两国的较量中名扬四海，墨家不顾个人性命的行侠仗义行为，拯救黎民百姓于苦难之中的高尚人格赢得了诸子百家的肯定，这种侠义风骨也留在了中国人的人格特点之中。

除了墨家，战国时期的法家学派也风行一时，法家所主张的严刑峻法体系崇尚统治者所建立的专制统治，在这种社会统治体系中所形成的人格特点也具有一定的严酷冷峻的特征，如韩非、李斯等人在独行其道中获得自我实现，这种过于冷酷的法家人格鄙视仁义博爱之说，难以形成牢固的群众基础，因此随着社会的发展演变逐渐遭到摒弃。中国传统文化自春秋百家争鸣起便呈现了多元共生的态势，儒、道、墨多家流派并行发展决定了中国人的多元化人格特征，因此中国人的人格特点也是典型的儒道互补，亦儒亦道，儒道成了中国社会数千年的经典教育内容，扎根于无数代中国人的骨子里，构成了中国人的人格特点。之后随着民族大迁移、外来文化传入等形成的文化融合共同构成了中国人人格中的复合型特征，这种情况也体现了人格形成和发展的多元性，体现了东方人格色彩的丰富性。

东汉时期佛教传入，佛教虽从未成为中国的国教，但在中国社会发展过程中始终扮演着重要的角色。

西方学者在研究中国人人格特点的时候，对儒家学派的伦理体系规范进行了解读，指出了儒学将履行狭隘的社会责任置于实现个人价值之上，由此构成了外部权威凌驾于个人权利之上的非常社会治理体系，因此这种社会特点为"羞耻感社会"。在东亚地区，特别是对古代中国文化传承度较高的日本，人的社会行为是一直伴随着灌输羞耻感而进行的。这种耻辱感是外部社会强加于个人的内心约束，耻辱感也是对于外界压力的一种反应。

第四节　健康人格的标准和人格不良危害

一、健康人格概述

健康的人格是每个人身心健康的基础，是个体社会生活、人际交流的纽带和重要因素。如果一个人躯体上没有病，心理健康，社会适应良好，我们就说这个人是健康的。但一个人身强力壮，智力正常，也没有精神疾病，言谈举止行为却总是让人感觉别扭、难受，难与人相处，生活一团糟或情绪冲动、易滋事，自己也痛苦，我们就会认为这个人人格有问题。人格的形成，既有先天因素的影响，又有后天环境的作用，即人格是基于个人先天性的生理因素，通过社会影响、家庭教育、个人发展等多种因素影响形成的。因此，人格具有独特性，因人而异，但一个人的人格在形成过程中与稳定后并非一成不变的，而是处在不断变化的过程中。其中，在人生的多个成长阶段中，青少年时期对人格的形成至关重要。青少年时期，茁壮发育的不止是生理，更是心理。这一阶段正是青少年的世界观、人生观和价值观形成的时期，因此，培养和形成青少年健康的人格、不断纠正不良人格，对其心理健全和日后的个人发展具有重要意义。

人格发展到什么程度，或者说什么样的人格称得上是健康的呢？所谓健康的人格，是指能够形成平衡协调的人格结构，从而使人格不断趋于完整和谐。最初的健康人格模式由人格心理学家奥尔波特提出，他在20世纪初提出了“成熟人格”这一概念，开创了心理学家研究健康人格的风潮。如精神分析学派的荣格、人本主义学派的马斯洛、罗杰斯等人，皆在健康人格研究方面做出了巨大贡献。当前，在心理学领域，关于健康人格的研究不断增多，成为当下发展的趋势。

二、健康人格的定义

健康人格这一概念自诞生以来，就产生了多个定义，各个学派以及各个代表性人物依据不同重点提出了不同见解，如以下几个人格的定义。

马斯洛认为：“自我实现的定义是各式各样的，但一致同意的坚实核心还是能看到的。所有的定义都承认或者都含有：① 承认并表述内部核心或自我的实现，即那些天赋能力、潜能、‘完善的机能’、人类和个人实质有效性的现实化；② 它们全都意味着极少出现不健康、神经症、精神病，以及人类和个人基本能力的缩减或丧失。”

舒尔茨认为：“健康的人格的概念是至关重大的。其内容是困难的、引起争论的、复杂的，它是充满未知的东西和部分真实的东西，并且毫无疑问也有某种一时的风尚和爱好，这样一种情况本身就反映出它试图包括的人的人格的论题。”

奥尔波特在健康成熟的人格定义中，对人性的看法是乐观的，认为人格理论体系是面向健康人的。他认为，健康人在理性和意识水平上活动，激励他们活动的力量完全是能够意识到的，也是可以控制的，健康人的视线向前，它指向当前和未来的事件，而不是向后看，指向童年的事件；成熟的人格有一个发展过程，仅在成年期才可能实现，健康的或成熟的人在性质上不同于病态者或不成熟者。

乔拉德认为:"健康人格是人行动的方式,这种方式由理智所引导并尊重生活,因此人的需要得以满足,而且人的意识、才智以及热爱自我、自然环境和他人的能力都将得以发展。"

以上几个关于健康人格的定义虽有所不同,但在以下几点上保持了统一性:

第一,一个人能够拥有健康人格,首先要能够自主控制自身行为。

第二,拥有健康人格的人具有正能量,包括主动付出、关爱他人、心存善意,对其他事物怀有宽容之心等。

第三,一个人拥有健康人格的前提是主动地、清楚地认识自己,并接受自己。

第四,在情感的表达与情绪的宣泄上,拥有健康人格的人能够选择合理的方式与途径。

第五,在对待现实的态度上,拥有健康人格的人能够正确面对生活,不逃避现实,不抗拒现实。

第六,健康人格要求人拥有和谐的人际关系。

第七,健康人格要求人在具备个性的统一性的同时,还具有其独特性。

第八,拥有健康人格的人,一定程度上是具备创新精神的。

总之,我们说一个人的人格健康,并不是说其人格没有一丝不妥或者完全没有心理疾病,生活在现代社会,现代人的高压力导致每个人或多或少在心理上存在问题,而健康的人格表现在当心理疾病出现时,能够正视疾病,积极寻找对抗疾病的方法(这个观点也就是:身体好不代表人格(心理)健康,但是人格心理不健康可以说明个体不健康);面对生活的挫折,拥有健康人格的人不会轻易妥协,而是积极生活,对未来充满希望;面对自身不足,拥有健康人格的人能够不断完善自我。总之,健康人格是人与自我、与环境和谐相处所形成的稳定结构,推动个人不断走向完善。

三、健康人格的标准

(一)人格健康者的心理结构具有协调性

人格健康者在人生观、价值观、兴趣爱好、理想信念、动机、才华等方面的发展是健康的、正面的。他们能够做到言行一致,对自身行为能够做出准确判断,确保其符合内在需求与客观需要，同时，人格健康者有其道德底线，注重个人与社会的关系，将自身融入社会进行生活。因此，人格健康者的内在心理结构具有统一性与协调性。

（二）人格健康者拥有和谐的人际关系

人格健康者在与他人进行相处时，通常富有同理心，注重他人的感受，能够对他人抱有关注、关爱等心理，在他人遇到困难时能够积极施以援手，因此人格健康者通常可以收获友情，与他人和谐相处。反过来，在友情上“富有”的人也会性格更加开朗，心胸更加开阔，做事更加真诚与热情。而人格不健康的人则很难正确处理人际关系，孤独感与孤立感又会进一步加剧其人格的不健全，使其在与人相处时难以与人为善，容易导致自私自利、嫉妒、多疑等负面情绪，从而无法产生与他人合作或和谐相处的意识与行为。因此，要想成为一个人格健康的人，就必须具备与人和谐共处的意识，并以此要求自身行为，这一标准并非强制性要求人必须遵循他人需求生活，也并非随波逐流，而是在坚持自身原则的前提下，学会与他人达成一定程度的共识，即求同存异。

（三）人格健康者准确认识自己，看到自身价值

人格健康者能够客观看待自己，包括自身的优势与存在的不足，对自己的评价能够做到真实合理。在制定人生目标时，人格健康者能够结合自身实际情况与主客观需求进行，既不会天马行空超出自身能力，也不会因自卑而不敢追求理想。在实现自身价值的过程中，人格健康者能够做到不骄不躁、不气馁，一步步挖掘自身潜力，发挥自身能力，不断完善自己，不会因为自身存在的不足之处而停滞不前。而人格不健全的人则恰恰相反，或过高看待自身，或看不到自身价值，从而导致制定的人生目标太高无法实现或者太低更加影响自信心的建立，其心理结构逐渐失去平衡，心理问题更加严重。

（四）人格健康者能够正视现实，具备顽强生活的勇气

人格健康者不仅能够客观评价自身，更能够清醒地认识周围环境，在生活遇到挫折时，能够理性去分析，不断采取相应措施去克服，而非自暴自弃。人格健康者会将生活的磨难当作成长路上的财富，当作锻炼自身能力必不可少的东西，因而人格健康者一般拥有充足的信心与开阔的心胸，且其心理的坚韧性与顽强性呈不断增强趋势，能够更好地适应生活，从而创造美好生活。

（五）人格健康者自制力强，拥有良好的心态

人格健康者的情绪总是以正面情绪、积极情绪为主，如愉悦放松、开心乐观、有满足感等，即便在面临人生的磨难或者困境时，也不会一味地沉浸于痛苦和不安中，他们会给自己设定一个缓冲期，所谓缓冲期即是指一段适当的让自己的负面情绪蔓延的时期，在缓冲期过后，就要学习收起负面情绪，从困境中走出来，重新以开朗乐观的态度面对生活。在自身情绪的表达中，能够合理控制情绪，同时容易获得满足感，不会设定高于自身能力的目标而导致失落，另外，在与人相处时，能够做到不卑不亢。

（六）人格健康者充满社会责任感

拥有健康人格的人能够认识到自己的存在对他人、对社会的价值，因而会更加努力开发自身潜力，在工作和生活中会更加尽心尽力，期望通过自身行为创造更大的价值，为他人和社会带来更有意义的东西，他们也会在这个创造价值的过程中获得满足感，更加认识到自己的存在是有意义的。同时，人格健康者具有的责任心也会使其散发更多的善意，使其内心感到更加踏实和充实。

（七）人格健康者有合理的、积极的人生目标

在制定人生目标时，人格健康者会在认真审视自己的基础上，结合社会需求制定积极向上的目标。他们通常富有公德心，所制定的目标不只是为了实现自身价值，从客观上来讲，其人生目标有利于社会的发展。即便遇到了困境和挫折，人格健康者也不会放弃对人生价值的追求，更不会产生对他人、对社会造成伤害的行为。同时，人格健康者的目标是在结合自身能力的前提下制定的，因此不会好高骛远，更不会因为目标难以完成而灰心丧气。

四、人格不良的危害

（一）缺乏认识自我的能力

人格不良者难以正确清晰地认识自己，要么过高地估计自身能力，盲目自信；要么低估自己，太过自卑。因此人格不良的人群在面临人生的挫折时，难以正视现实，在看待问题时不够沉稳，容易采取偏激行为，严重者甚至会走上违法

犯罪的道路。同时，人格不良的人难以拥有积极乐观的人生态度，容易被生活的挫折打倒，而人生的每一次挫折都会进一步加重其怨天尤人的思想，使其对人生更加不抱以希望。

（二）遵纪守法意识淡薄，自律性差

人格不良者对法律要求和道德底线不够关注，因此在其心中，关于对错的标准不够清晰，反映在实际行为中就是常常会触犯法律。如在与人发生矛盾或者争执时，不能做到理性思考，而是冲动做事，伤害他人。另外，人格不良者难以严格要求自己，自控能力不强。在制定目标以后，他们难以按照计划进行，常常会纵容自己的颓废行为。同时，明知一些行为会给自身带来不良后果，他们仍会因为这种行为的一时快感而沉溺其中。

（三）易导致过度焦虑

现代人因为生活压力、学习压力或者工作压力等都会出现焦虑情绪，但是不良人格者的焦虑不同于一般性焦虑。例如，当人在悬崖处行走时，人格健康者虽不可避免会产生焦虑情绪，但当离开悬崖处后，这种焦虑情绪就会消失；而人格不良者的焦虑情绪则会在距离悬崖很远时就开始产生，在远离悬崖回归安全地带时，这种焦虑情绪仍不会消失，会存在很长一段时间，困扰着其正常生活。人格不良者会将焦虑放大化，在面对导致焦虑的问题时，他们所选择的解决途径不是正视问题，而是逃避问题，仿佛逃避问题就等于问题不存在。而这种做法不仅使问题得不到解决，还会使问题更加严重化，使人格不良者陷入更加痛苦的境地。

第二章　人格学派

我们从孩童到成人的成长过程中，逐渐地形成了稳定的人格，有外向的或内向的，乐观的或悲观的，敏感的或迟钝的，等等。那么，这些稳定的人格特征是怎样形成的呢？不同的流派有不同的解释。弗洛伊德相信童年期的经历决定了一个人一生的人格。新精神分析学者在认同童年期经历对个人人格形成的影响的前提下，也认同青少年期，甚至成年期的经历对人格形成的影响。人本主义流派的学者并不强调童年期经历的决定性作用，而把决定人格的主动权交给自由意志本身，他们相信人天生有一种向善的动力，只要外界环境许可，每个人都可以成为自我实现的人。行为主义者主张人格是由条件反射的不断产生来最终稳定的，华生说："人格就是我们的习惯系统的最终产物。"生物流派则认为人格是由遗传因素起主要作用的。

第一节　经典精神分析与新精神分析

一、弗洛伊德的精神分析与人格理论

（一）西格蒙德·弗洛伊德的经典精神分析理论

尽管人类社会从早期便已开展对人格的研究和探索，并萌生出了相关的职业，如巫师、萨满等。但直到19世纪末，人类文明社会中才出现首个被广泛认可的人格理论家，这位人格理论家是从医学领域脱颖而出的，他就是奥地利精神病学家、精神分析学家西格蒙德·弗洛伊德（Sigmund Freud，1856～1939）（图2.1），精神分析学派的创始人，被世人誉为"精神分析之父"，20世纪伟大的心理学家之一。有人把爱因斯坦、马克思、弗洛伊德并称为影响世界历史的三

位犹太人，前两个分别代表人类在近代自然科学和社会科学领域的最高峰，而弗洛伊德和他的精神分析理论则代表了心理科学的顶峰。

图 2.1 弗洛伊德

弗洛伊德提出了一个震惊全欧洲的观点，就是幼童存在性欲，心理疾病的治疗可以通过耗时的程序进行。这种观点一经出现便遭受到了各个领域广泛的批评，但弗洛伊德在自我的坚持下，不断地对自己的思想理论进行发展完善，通过大量的著作和研究成果，弗洛伊德改变了学界以及社会数千年来对人格的观察视角与分析方法，因此弗洛医德被视为精神运动领袖，他所开创的精神分析理论对后世的研究产生了巨大的影响。

虽然弗洛伊德及其理论体系对接下来的心理学领域影响巨大，但大多数人仍低估了他对人类思想的影响。在 20 世纪及 21 世纪成长的人们，都会不自觉地在各个领域中受到一些无意识的影响，这种无意识的影响即弗洛伊德所说的潜意识活动，是精神分析理论中的一部分。在弗洛伊德之前的时代，没有人通过如梦境这种无意识的行为来揭示人格中的细微之处，这种看似荒诞的做法却是精神分析理论中的基石。弗洛伊德的精神分析理论在发展过程中已经逐渐深入贯穿到社会思想文化的各个领域，在人格分析领域，几乎每个理论家或学者都会从弗洛伊德的人格分析理论开始进行他们的研究工作。

（二）弗洛伊德的人格理论

弗洛伊德的精神分析理论早期将人格进行了三个层面的划分，分别是意识、前意识和潜意识（也称无意识）（图 2.2）。这种划分的方式被弗洛伊德称为解剖模型。很多人认为思维内容是由意识和前意识共同构成的，但弗洛伊德认为这只是人类思想海洋中的冰山一角。根据他的理论，个体思维活动的主体在无意识内，这部分的思维意识无法被我们直接提取感受到，但是，这些无意识的思维内容却直接影响了人类各方面的行为，通过对人类无意识行为的研究，可以对人类行为及人格进行深层次的分析。

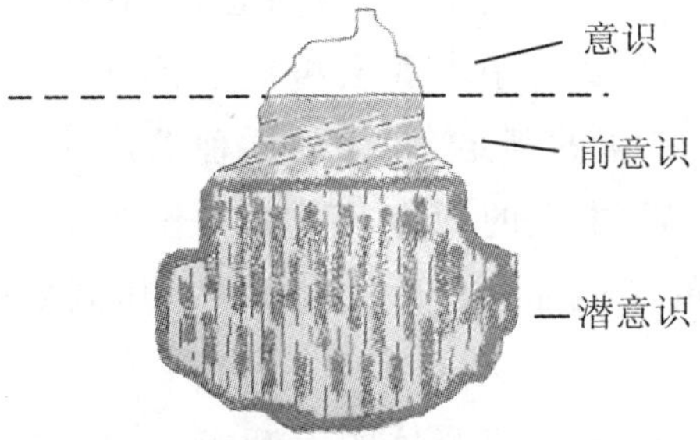

图 2.2　人格三个层面的划分

弗洛伊德在解剖模型的基础上开展的精神分析研究发现，这个模型对于人格描述存在很大的局限，于是他又对模型进行改良升级，创立了结构模型，将人格进行本我、自我和超我的划分。本我是人格中最原始的、最难接近而又最有力的部分，包含生存所需的基本欲望、冲动和生命力。它是一切心理能量之源，按快乐原则行事。自我是人格中理智的、符合现实的部分，是在现实环境的反复教训下，从本我分化出来的一部分，是自己可意识到的执行思考、感觉、判断或记忆的部分，自我的机能是寻求"本我"冲动得以满足，而同时保护机体不受伤害，遵循"现实原则"，是协调本我和超我的需要，同时考虑外部现实性的人格部分。超我是人格结构中最文明(处于人格的最高层)、代表社会价值的人格部分，是最有道德的部分，是个体在成长过程中通过教育获得和发展的道德规范，其机能是监督、批判及管束自己的行为，其特点是追求完美。超我由两个方面组成：① 自我理想；② 良知。弗洛伊德认为，在通常情况下，本我、自我和超我是处于协调和平衡状态的，从而保证了人格的正常发展，如果三者失调乃至破坏，就会产生焦虑，危及人格的发展。

弗洛伊德认为个体在婴儿时期只存在一个本我，这是个体的自私的层面，其所有行为均和满足自身的欲望相关。在个体的人格中，本我这部分人格遵循利己性，只关注自身需要，不管任何外界约束，因此婴儿在饥饿的时候会不分场合地嗷嗷大哭，只为能够吃到奶而不管其母亲所处的环境如何。弗洛伊德认为人的这种本我特征会一直存在，虽然伴随着个体的成长与成熟会被人格中的其他部分所压制，但依然会在个体的行为中发挥着重要的作用。

同时，本我还具有一定的自我满足特征，这在某种意义上也是一种自我欺骗。如婴儿在饥饿的情况下通过漫长时间的嗷嗷大哭，仍然没有吃到奶，这个时候本我会诱使婴儿吮吸自己的手指，本我通过建立一个想象环境，让婴儿认为自己已经吃到了奶，从而得到暂时性的心理满足。这种实现自身渴望的行为模式也会反映在梦境中，即所谓的“日有所思，夜有所梦”。当个体白天一直所想要的东西没有得到，在梦境中本我会再次进行自我欺骗，让个体在梦境中实现自身愿望的达成与欲望的满足，性欲的这种满足在生理上的表现即为梦遗。由于本我的原始性特征，本我的行为多具有攻击性，并且跟性较为相关，所以在日常生活中，人格中的其他部分会通过对本我的压制来使得人的这部分冲动行为不会频繁出现。

在本我人格形成之后，随着个体的逐渐成长，受到内外部环境中多种元素的综合作用，个体逐渐产生人格中关于自我的活动。这种环境造就下的人格使得自我具有现实性特征，即自我所主导的行为会根据现实情况来实现自我工作的满足，同时由于本我人格的私利性特征，本我的冲动性行为会对个体在社会中的存在构成不利影响，因此自我会通过一系列手段来抑制本我发挥作用。不同于本我在思维活动的底层发挥着作用，自我可以通过良好的主观能动性打通意识、前意识和无意识中的各个环节进行自由活动。当然，自我的功能不仅限于抑制本我的冲动行为，弗洛伊德还分析道，自我可以通过适当满足本我的需求来抵消本我冲动所带来的紧张行为，并结合周边环境因素进行理性判断来采取一定的行为进行自我的满足。

随着婴幼儿时期的结束，个体的超我部分人格也逐渐发展形成。由于在成长时期处于受教育阶段，超我会受到社会及家庭价值环境的深入影响，代表着一种价值观或标准，因此超我会对个体的思维活动与行为习惯产生多种限制。假设个体在公共场合看到异性时，本我会通过原始的性冲动来诱使个体去与异性产生性行为，自我则会通过对周边环境的判断来判定此时性行为会为个体带来不必要的麻烦，因此会抑制本我的性冲动。而超我这部分人格则通过社会道德规范的要求直接禁止个体做出这种行为，超我通过内部价值观为个体带来罪恶的感受，使得个体在此影响下会做出一些理性的行为。

超我不仅对个体违反社会伦理道德规范的行为进行抑制和惩罚，还会对自我的人格进行榜样塑造，这部分被称为内部控制机制。超我通过结合社会的观察与体验形成自我的标准，并让自我按照所设定的完美标准进行人格塑造，在此情况下个体会产生一定的道德焦虑。同样，有些能够达到超我所设定的标准的人则会被称为圣徒或君子。

另外，这几部分人格也会发生冲突，在不断的冲突与妥协中形成了个体完整的人格。精神分析学者认为，之所以会出现各种心理障碍，是因为本我冲动与超我控制之间对立，导致了严重的焦虑。自我无法用正常的防御机制调和，因此出现各种症状，这些症状本身也是用来缓解内心的焦虑感的。

弗洛伊德将人类行为归因于性或生理的本能，这种看法虽然受到一些批评，但他通过了广泛的行为案例给予了充足的论证和解释。并且性驱动的人格行为并不仅限于与性相关的思维或行为活动，还包含了很多自我愉悦或满足的行为。

人格发展也是争议最大的主题之一。弗洛伊德十分重视个体早期经验在人格形成和发展中的作用。人格基本模式大致形成，将保持终生，几乎无大的变化，因此追根溯源就是在其童年生活中找原因。弗洛伊德认为，每个儿童都要经历几个先后有序的发展阶段，儿童在这些阶段中获得的经验决定了他的人格特征。事实上，弗洛伊德相信成年人格实际上是在生命的五岁前就已形成。他认为人格的发展是性本能的发展，弗洛伊德人格发展理论也被称为心理性欲的发展理论。弗洛伊德提出性的动力是“力比多”(libido)，泛指一切身体器官的快感，包括性倒错者和儿童的性生活。比如，婴儿的性生活就是从吸乳开始的，以后每个阶段都有其不同的特征。“力比多”是性生活的真正动力。按力比多理论人格发展可分为五个阶段，依次为：

第一阶段：口唇期(0～1岁)。口唇区域为快感的中心。婴儿的活动大多以口唇为主，摄入、撕咬、含住、吐出和紧闭是五种主要的口腔活动模式。如果对一种原始模式产生固着作用，成年后就可能形成相应的人格特征。

第二阶段：肛门期(1～3岁)。肛门区域成为性感区。在这一阶段，儿童会接受排便训练，这是儿童第一次接触到外部纪律或权威，因此代表了伊底(人最原始的欲望)与社会规范之间的冲突。一般地，如果排便训练过于严格，儿童会形成过度控制的行为习惯，如洁癖、吝啬和强迫的人格特征，也有可能造成儿童的反抗，从而形成过度铺张浪费、越轨的人格特征；如果排便训练过于随便，儿童在成年后容易形成肮脏、浪费、凶暴和不守秩序等人格特征。

第三阶段：性器期(3～6岁)。生殖器成为快感的中心。这是人格发展的关键阶段。在这一阶段，儿童以异性父母作为自己性欲的对象，男孩对母亲产生爱恋，仇恨父亲，称为恋母情结或俄狄浦斯情结；女孩对父亲产生爱恋，仇恨母亲，称为恋父情结或克勒厄屈拉情结。儿童在仇恨同性父母的同时又害怕报复，最后再压抑自己的性欲，停止对同性父母的敌视，逐渐接近、接纳、认同同性父母,并逐渐发展起同性父母的态度、价值观和行为模式。否则,儿童就可能演变成同性恋或异装癖、异性癖等性心理障碍。

弗洛伊德认为,前三个阶段是人格发展的最重要的阶段,为成年后的人格模式奠定了基础。他主张,人格的最初形成应是在5岁左右。

第四阶段:潜伏期(6岁～青春期)。这一阶段儿童已经进入学校接受正规教育,因此,将兴趣从家庭成员转向同伴,特别是同性同伴,倾向于避开异性同伴。

第五阶段:生殖期(青春期～成年)。这一阶段是个体的性发育成熟期。个体开始试图与父母分离,建立自己的生活,逐渐发展出成年人的异性恋。

弗洛伊德认为,个体的人格发展要想在性、心理和社会的方面都达到成熟状态,即达到生殖期人格的理想水平是很难的,很少有人能达到。因为人格在发展过程中会遇到两种危机:一是固着,即不论在每个人格发展阶段满足过多或过少,都会使力比多停滞在那个阶段,从而使个体在成年后表现出该阶段的人格特征;二是倒退,即个体在人格发展过程中遇到挫折,从而从高级阶段返回到低级阶段,表现出低级阶段的人格。他认为固着和倒退都是心理疾病产生的原因。

弗洛伊德的精神分析思想对社会产生了巨大的影响,当前学界普遍认同弗洛伊德的观点,即无意识是人格中最强大、最主要的部分,但是在此情况下,心理学家又很难捕捉到无意识的存在,这就使这部分的探讨陷入了两难的境地。弗洛伊德对此问题进行了解答,本我的冲动性行为虽然被抑制在意识层面之外,但仍然以一种伪装的形式发挥着作用,这些被抑制的冲动并没有真正消失,因此心理学家可以通过对一些行为的表象探究无意识的想法。弗洛伊德对这些分析技术进行了归纳总结,主要有七种,分别是梦、投射、自由联想、口误、催眠、意外和象征行为。

(三)弗洛伊德精神分析理论的应用

弗洛伊德对精神分析的贡献并不仅仅停留在学术的理论层面,还首先建立了用于治疗人格障碍的精神治疗体系。通过与约瑟夫·布洛伊尔[①]的研究合作,弗洛伊德提出许多人格障碍的根源是基于心理层面,而非生理原因。通过对一些人格障碍患者进行的催眠实验,弗洛伊德发现这些人格障碍处于思想中

① 约瑟夫·布洛伊尔,奥地利医生,和弗洛伊德一起均在布吕克指导下接受过物理主义和生理学训练。

的某部分，意识很难直接触及或影响到它，但意识又会受到这些障碍的极大影响。通过催眠测试并且逐步采用自由联想等技术性手段弗洛伊德深入探究了患者的人格障碍成因及结构，在此基础上，弗洛伊德创立了治疗各类人格障碍的精神治疗体系。

此类精神治疗体系也是精神分析，通过看似无意义的操作将重要的无意识内容引入到意识的层面，结合理性的考察方式进行分析判别。心理师与患者合作，帮助患者人格中的自我对本我的冲动性进行恰当控制。在一般的精神分析过程中，我们都可以看到患者是以一种很轻松的姿态躺在沙发上，心理师会不断通过分散患者注意力引导患者进入治疗状态，来实现对无意识层的挖掘和分析。由于这种治疗耗时较长，价钱昂贵，通常只有少部分人能够负担。在这漫长的治疗实践中，心理师主要是在寻找导致人格障碍的无意识元素，与其他的治疗分析过程不同，在精神分析中心理师主动地向患者传递梦境、言语与行为特征的重要性，同时弗洛伊德还强调不能过快地向患者揭露这些表象行为背后的真实含义，以避免患者的内在人格建立起更强大的无意识防御机制。

（四）弗洛伊德理论的贡献与批判

弗洛伊德理论体系虽然形成已久，但依然极具争议性，很多人格研究者和心理学家对弗洛伊德的理论都有着自己的理解，没有人能够全部接受弗洛伊德的理论内容，这些批评者在极力批判的同时也表达了对弗洛伊德的肯定。

1. 贡献之处

即便弗洛伊德的理论体系依然被很多人格研究者所摒弃，但在心理学和生理学历史上依然有着极其重要的地位。弗洛伊德首先将人类行为与人格进行综合分析，他的概括性使得之后的研究者们必须指出自身理论角度与弗洛伊德理论的不同点，以弥补或否定弗洛伊德的理论内容。并且大多数学者都是在弗洛伊德理论的基础上发展而成了自己的理论体系，或者采用了弗洛伊德的相关假设及概念内容为自己的理论构建寻求支撑。许多研究过弗洛伊德理论的人都推进了他们自己的精神分析主张，越来越多的心理学家认为精神分析理论指明了人格理论近一两个世纪的发展方向。虽然现代的人格理论与精神分析理论形态存在一定差别，但在理论内容上依然受到弗洛伊德的人格架构的影响。

同时，弗洛伊德的精神分析疗法也被认为是心理治疗体系的首个实践疗法。随着不断的发展，现在已经极为成熟并受到社会的接受和应用。正因为弗洛伊德的贡献，解析梦境、催眠已经成为很多心理治疗师的标准疗法，同时，一些患者如果发现他的心理医生没有采取催眠这类手法可能就会质疑心理医生的专业性，这也间接表明了当前心理治疗师对精神分析学说的广泛认可和接受度。

另外，弗洛伊德对于心理学的发展起到了中流砥柱的作用，在19世纪末，弗洛伊德一个人将心理学推向了一个新的层次，并借助社会对他的批判所形成的舆论环境对心理学的一些概念性原理进行推广，使得心理学不再是高高在上的玄学，而是深入到了社会的各个层面，由此引起了社会层面对心理学领域的关注，推动了心理学的向前发展。

当前大多数心理治疗师及人格理论学者的研究课题同样是来源于弗洛伊德理论的某个概念，虽然看起来没有弗洛伊德的风格、内容，但随着多年的发展，弗洛伊德的理论体系已经深入到了心理学的各个层面，造就了当今人格研究现状。

2. 争议之处

由于弗洛伊德的思想体系对传统的心理学产生了巨大的冲击，弗洛伊德提出的婴儿对于母亲的性欲问题对于传统社会伦理也构成了巨大挑战，因此弗洛伊德的相关研究成果在问世之际便受到了各个学界的强烈反对和抵制。在当时的环境下，仅有少数人愿意接纳弗洛伊德的理论并给予适当的支持。

这些支持者又发现，弗洛伊德所提出的这些理论和概念可能并不是原创的。根据搜集的相关资料，在1880年前后的十年间，欧洲地区至少有七本新出版的书籍中带有无意识的表述。对此有些人解释说在弗洛伊德开始无意识的相关研究时，也会有一些人能够接触到有关的概念、思想。同时有些研究者认为，弗洛伊德在出版相关精神分析的著作之前可能参照了一些其他人所撰写的关于婴儿性欲、无意识的著作。并且在弗洛伊德为大众所知晓之前，一些文学作品中已经出现了类似弗洛伊德的思想概念。对于欧洲当时的学术界而言，弗洛伊德的精神分析并非新生事物。对此从弗洛伊德自身的论述中也可见一斑。弗洛伊德在阐述自己概念的同时都会引用前人的相关著作内容，并且弗洛伊德的精神分析理论更是把之前一些零碎的心理学概念和观点加以整合来描述人格行为特征。

还有学者研究发现，弗洛伊德所提出的假设性概念很多是无法验证或很难证实的，这些概念缺乏相关的科学性标准，在这种情况下这些假设性概念既无法被证实也无法被推翻，在其理论体系下形成了一种独特的存在。弗洛伊德在关于人格障碍的研究中的论述，很多成果都是发现而成，并非论证而成，是弗洛伊德通过精神分析对患者的表述总结而成的结果。弗洛伊德的很多理论内容的确很难被证实，但未来也许会出现一些切实可行的方法来对其理论的真伪进行验证。

并且，弗洛伊德理论体系的概念内容主要是依照单独个案的分析而成，使得弗洛伊德理论存在一些偏差性，致使批评者认为这些理论不具有概括性。我们分析弗洛伊德的相关著作也可以发现，弗洛伊德的患者主要来自于欧洲贵族阶层，这些人都有着一定的人格障碍，这些患者与健康人格之间存在显著的差异性特征。弗洛伊德通过对单一阶层的个案进行分析，使得这些成果无法代表整个欧洲社会整体人格特点。虽然可能是由于弗洛伊德个人对所研究病例已经做了初步筛选，使得后人只能看到个别个案，但这些无法足够支撑其精神分析理论体系。

最后，一些早期的弗洛伊德思想追随者随着自己的研究逐步脱离了其思想体系，他们在研究中发现弗洛伊德刻意忽略了人格中的一些重要影响因素，例如在本我的概念中，弗洛伊德强调 5 岁之前人格中只存在本我，但忽略了幼童生长的周边环境因素，没有认识到前五年的环境因素对幼童人格特征会造成怎样的影响。并且弗洛伊德偏向于关注人格中的消极性与性欲的强烈特征，而非日常生活中的普通性人格行为与人格中的积极面，致使弗洛伊德在人格正面性的研究中存在一定缺失。

二、荣格的分析心理学理论

（一）荣格的分析心理学理论

卡尔·古斯塔夫·荣格（Carl Gustav Jung，1875～1961）（图 2.3）是弗洛伊德最有名的弟子，相信对很多人来说这个名字是神秘而陌生的，然而他的那些心理学理论和思想至今仍对心理学研究产生深远影响，其中最出名的就是他的分析心理学。荣格是瑞士心理学家和精神分析医师，分析心理学的创立者。早年曾与弗洛伊德合作，被弗洛伊德任命为第一届国际精神分析学会的主席，后来由于两人观点不同而分裂。两人的亲密关系毕竟不能掩盖他们之间存在的思想上的分歧。这个分歧首先集中表现在性理论方面。事实上，荣格从一开始就倾向于把 libido（力比多）看成是一种创造性的、指向未来并不可破坏的生命力，可以被导向不同的方向，性不是它唯一的，甚至也不是主要的形态。与弗洛

图 2.3 荣格

伊德相比，荣格更强调人的精神有崇高的抱负，反对弗洛伊德的自然主义倾向。

荣格认为人格结构由三个层次组成：意识、个体潜意识和集体潜意识。

意识：是心里唯一可以被个体直接感知到的部分，意识的整个本质就是辨别、区分自我和非我，主体和客体，肯定和否定等等。事物分离成对立的双方完全是由于意识的区分作用，只有意识才能认识到适当的事物，并使之与不适当的和无价值的事物区别开来，它的充分发展与分化导致个体意识自我的产生，为人格赋予一致性和连续性，人类个体化成长进程正是意识的发展。意识是人格结构的最顶层。个体潜意识：人格结构的第二层，潜意识的表层部分，包含一切被遗忘的记忆、知觉和被压抑的经验，以及属于个体性质的梦等。荣格还提出了属于该范畴的情结概念，其源自荣格1904年在伯格尔斯立精神病医院的词语联想实验，他发现情结具有自主性，完全按照自己的意图进行自我支配，无法控制，常常无法意识到他们，情结是梦和症状的缔造者，是通往潜意识的捷径。如今的测谎仪就是根据这一实验理论原理研究发明出来的，它是分析心理学在司法实践上的重大贡献。

弗洛伊德的潜意识理论，荣格的理论也和其差不多，都强调潜意识的重要性，但是两者其实也有区别。弗洛伊德认为潜意识的内容包括人的原始冲动和各种本能（主要是性本能）以及被压抑的各种欲望，而且被压抑的内容更多是童年早期个体所受到的性挫折或与性相关的消极记忆。荣格认为这样的观点太狭窄了。从一定意义上说，弗洛伊德的潜意识理论是个体潜意识论。个体潜意识具体指：在心灵中曾经被意识到，但又被压抑或遗忘，或在一开始就没有形成有意识的印象构成。与弗洛伊德的潜意识类似。在个体潜意识中，有一种特别的概念，被称为“情结”，荣格认为情结是个体潜意识的主要内容。当我们在个人潜意识里存放越来越多的经验后，我们开始把它们组合起来，就成了“情结”，具体上就是随着一个共同主题所组成起来的情绪、记忆、知觉以及欲求的模式和核心，即一组组压抑的心理内容聚集在一起的情绪性观念群。

荣格认为个体潜意识的内部大部分是情结，它是一组具有情绪色彩的观念。当我们说某人有某种情结时，如自卑情结、焦虑情结、性的情结、钱的情结、初恋情结（一种香味、一种颜色、一种音乐就可以勾起回忆，产生一些情感））等，情结一旦形成，它会脱离意识的控制，但却可以介入或影响意识。一个被情结占据的人，自己并不知道其影响，然而却可以轻易地看到情结作用的效果。是说其人格被某种“心理问题”强烈地占据着，使其沉醉于某些事情而无法自拔，似乎有一种“瘾”，不能考虑其他问题。研究表明，情结占用了大量的心理，起着干扰个体正常活动的作用，妨碍心理的正常发展。

情结同时具有积极作用与消极作用：积极方面体现在它是灵感和动力的源泉，对事业和学业发展具有推动作用。例如说到一个为某种强烈的情结所控制的艺术家表现出的固执、偏执和疯狂，任何人都会想到梵高，他生命最后的几年完全奉献给了艺术，他就像被某种东西支配着，牺牲了一切，包括自己的健康甚至生命去绘画。情结的消极作用会导致心理病态，反应情绪会消耗人的大量的心理能量，干扰人的正常认知和记忆，妨碍人的正常发展，形成偏向人格。

弗洛伊德的人格结构说是倾向于针对欲望、本能、冲动等人的生物性的理论学说，所以人们称弗洛伊德的理论过于偏向生物性，缺乏社会性。而荣格更强调社会因素，他认为个体潜意识其实依赖于更深的层次，他提出了集体潜意识的理论。

集体潜意识：人格结构中最底层的潜意识部分，是人类在漫长的历史演变过程中积累下来的沉淀物，包括人类的活动方式和人脑结构中的遗传痕迹。不同于个体潜意识，它不是个体后天习得，而是先天遗传的；它和个体潜意识不同，它从来没有在意识出现过，都是遗传得来的。它的主要内容是各种原型，即本原的模型，其中最有名的四种是：人格面具、阿尼玛、阿妮姆斯、阴影。

（二）荣格与弗洛伊德的分歧

1. 力比多

在力比多概念上，荣格与弗洛伊德的主要分歧在于对力比多的解释。弗洛伊德坚持力比多是人格动力本源，人的一切活动都受性驱力所推动，都带有性的色彩。荣格认为这样理解力比多显得过于狭窄，不足以说明人的各种活动。他把力比多理解为一种普遍的生命力，从而扩大了力比多的内涵。

2. 潜意识

荣格与弗洛伊德都重视潜意识，但是弗洛伊德看到的是潜意识阴暗消极的一面；荣格则强调要理解潜意识，发挥潜意识的积极作用。荣格在潜意识问题上与弗洛伊德最大的不同之处是他把潜意识分为个体潜意识和集体潜意识两种。

3. 人格发展

弗洛伊德认为人格是由过去的事件决定的，从个体早期生活中去寻求形成成人人格的因素。荣格认为过去的事件和经验是无法改变的，如果由过去机械而简单地决定今天的人格，只会使人产生悲观失望的情绪。他认为人格不只由过去的事件所形成，而且也由未来事件，由他的目标和抱负所影响。他的人格理论具有前瞻性，注重人的未来。

4. 梦的分析

荣格和弗洛伊德一样十分重视对梦的分析，但他们对梦的理解存在很大的差异。弗洛伊德把梦看作以伪装形式表达一种被压抑的幼年的性愿望，因此梦有显像与隐义之分(实现愿望)。荣格则不同意把梦的显像与隐义区别开来，认为梦的内容是正面显现的。故在分析梦时主张贴近梦的内容进行直接联想和分析(具有预见性)。荣格认为梦不是愿望的满足，而是启示，是对未来的预测或预示，所以，我们应重视梦的智慧。荣格认为梦的重要来源是潜意识，但不只醒时发生过的被意识觉察到的内容会出现在梦中，潜意识的情结、原型等也会出现在梦中。

5. 其他

荣格把人的态度分为内倾和外倾两种类型。心理能量指向内部者为内倾型，这种人较为内向，易产生内心体验和幻想，远离外部世界，对事物的本质和活动的结果感兴趣，喜欢独来独往，沉浸在自己的世界。外倾型人的心理能量则指向外部，易倾向客观事物，这种人喜欢社交，对外部世界的各种具体事物感兴趣，擅长社交，人缘也较好。

(三) 对荣格人格理论的评价

(1) 扩大了力比多的概念，摆脱了弗洛伊德狭窄的、以性为核心的精神分析学。

(2) 第一次提出了自我实现这个概念。

(3) 提出了集体潜意识的概念，扩大了弗洛伊德的潜意识概念。

(4) 为人们提供了许多原创性的理论。

三、阿德勒的个体心理学

阿尔弗雷德·阿德勒(Alfred Adler，1870～1937)(图 2.4)，奥地利精神病

学家，个体心理学的创始人，现代著名的精神分析学家，人本主义心理学先驱，现代自我心理学之父。他对弗洛伊德的生物学观点很感兴趣，于1902年读了弗洛伊德的《梦的解析》后，撰文支持作者的观点。他于1902年加入了维也纳精神分析学会。他最初和荣格一样是弗洛伊德的忠实信徒，后来轻视性因素，强调社会因素（积极乐观），他认为人格的形成与主观因素和社会因素有关，这也深深影响了新精神分析学者弗洛姆和霍尼、沙利文等社会学者。因而引起弗洛伊德的不满（弗洛伊德强调性是自然主义、消极的）。阿德勒的理论强调人的积极品质和社会动机在个人行为中的重要作用。他认为，人格是在战胜自卑和追求优越过程中形成和发展的。

图 2.4　阿德勒

（一）阿德勒对人格的看法

他对人格心理的看法和思想观点与弗洛伊德大相径庭（性泛论），也是精神分析学派内部第一个反对并抨击弗洛伊德的心理学体系的心理学家，两人最终分道扬镳，他强调了每个人有独一无二的方式发展自己生活风格。

阿德勒从小体弱多病，身患佝偻病而身材矮小，由于疾病和车祸还差一点死于非命。儿时的创伤经历和死亡的恐惧曾使他极度自卑，因此，他的人格理论始终围绕着克服自卑而进行。

在阿德勒认为个体追求优越的欲望来自于自卑，把自卑与补偿看作追求优越的动力根源。他早期强调自卑感源于生理缺陷或功能不足（身材矮小，面目丑陋）等器官自卑，但他对自卑和补偿看法经历了扩展和修正过程。1907年阿德勒发表《器官的自卑感及其生理补偿》一文，指出有生理缺陷的人往往有一种生理上的自卑感，他必须通过发展有缺陷的器官或全力发展其他功能而使这种缺陷得到补偿。例如，体质弱的可以通过体育锻炼，身体很强壮的则发展其他的器官来补偿。在生理上如果一个器官有缺陷，另一个器官就会特别地发达。例如失明的人可以通过发展听力来补偿。

他继承了弗洛伊德的精神分析理念，但其基本观点与其大相径庭。阿德勒人格理论突出强调：

其一,个体心理学认为人的行为是所处社会力量决定的。人天生就是一种社会存在物,在社会生活中,人们进行交往,相互依赖,相互合作(人和社会可以和谐相处)。他第一次开启把精神分析和社会兴趣结合的研究道路,是精神分析学派中第一个社会心理学家。精神分析学派最早带有社会心理学烙印的人物弗洛伊德则强调人的生物学本能,人的成长过程是本能的自然展开,其行为是先天决定的。弗洛伊德认为人和社会对立。

其二,个体心理学是以人格为统一的整体,强调其不可分割。阿德勒认为每个人的人格都是内在各种动机、特质、兴趣、价值所构成的统一整体(心理是帮助个体达到未来目标的有机整体);弗洛伊德把人格分为本我、自我、超我这些不同的部分(心理由相互冲突的不同的结构组成)。

因为注重人类间的积极关系,所以阿德勒的理论与人本主义有联系。由于关注人类生存意义的重大问题,他的理论与存在主义有联系。他像现代存在主义一样相信人类是注重未来的(与荣格的信仰相同),至少部分人具有决定自己命运的自由和注重生命的意义。

阿德勒认为每个人在幼儿时期就渐渐形成一种生活模式,根据此生活模式而形成生活的主观目标,但每个人生活模式不同,因此每个人的主观目标就不完全相同,研究心理过程应以每个人的特殊心理经验为对象,故阿德勒心理学被称为个体心理学。

(二)阿德勒个体心理学的主要观点

阿德勒并没有提出一个完整的人格模型,而是提出了一些基本的概念,以描述和解释人格。他的学说以“自卑”和“创造性自我”为中心,强调了每个人有独一无二的方式发展自己生活风格。主要概念有追求优越、自卑感与补偿、生活风格、社会兴趣、创造性自我。其中几个概念介绍如下:

1. 追求优越

追求优越是阿德勒个体心理学的核心,也是支配个体行为的总目标。阿德勒认为人追求优越的目标总要通过各种行为方式来实现。他认为人人都有一种像权力意志这种天生的内驱力,将人格汇成一个总目标,力图做一个没有缺陷的、完善的人。因此羡慕别人,胜过别人,征服别人等都是这种追求优越的人格体现。但是,阿德勒认为追求优越的结果却有两重性,它既可以激励人追求更大的成就,使人的心理得到积极的成长;也会由于追求个人优越而忽视社会和他人的需要,从而产生“自尊情结”,使人变得缺乏社会兴趣,妄自尊大起来，即：

健康——力争上游，积极发展。

病态——产生优越情结，狂妄自大。

2. 生活风格

生活风格是阿德勒个体心理学中的一个重要内容。

所谓生活风格，就是指一个人在早期社会生活道路上已定型化的行为模式。他强调人的生活风格约在四五岁时已在家庭环境中形成，以后一生不变。他非常重视出生次序和家庭气氛对儿童性格类型形成的影响。尽管阿德勒强调家庭环境在人格发展中的重要性，但是他坚持起决定作用的仍然是"天生的潜力和欲望"。

3. 社会兴趣

阿德勒经常被认为是精神分析中最早带有社会心理学烙印的人物之一，是精神分析学派中第一个社会心理学家。

社会兴趣是阿德勒个体心理学中的基本概念之一，具体指人具有一种为他人、为社会的先天思想准备和自然倾向。他认为人是社会性生物，在人的本性中天生具有社会兴趣的潜能。社会兴趣不仅是一种涉及与别人交往时的情感，它也是一种对生活的评价态度和认同能力。一个人能否获得充分发展的社会兴趣与早期所受的教育相关，阿德勒认为人的社会兴趣最初是由儿童同其父母间的早期相互作用而产生的。因此父母的重要任务之一乃是唤起和培养儿童的社会兴趣。

对儿童的溺爱和漠视则是影响儿童社会兴趣发展的两个重要原因。并且主要取决于母亲，母子相互作用的性质决定儿童社会兴趣发展的情况。如果母亲在家庭中保持一种合作的氛围，儿童容易形成社会兴趣。如果母亲经常把儿童束缚在家与他人隔绝，就形成低级社会兴趣，缺乏社会兴趣的儿童会产生优越情绪和自卑情绪。父母对人格发展的影响，在孩子出生头几年对其成年后人格形成非常重要(这与弗洛伊德一致)，两类父母行为必定导致儿童人格问题，溺爱会造成孩子没有应对生活问题适应能力的结果，忽视则不能与他人建立良好关系。

（三）人格理论对幼儿的教育启示

根据阿德勒的人格理论，成人在教育幼儿时至少有以下几点启示，提示家长要给儿童怎样正确的爱。

1. 当然是要"教育爱"，不要"溺爱"

有些人总认为，爱孩子就应该满足孩子的欲望，孩子想要什么就给什么，他想干什么就让他干什么。在这种百般迁就和放纵下,孩子就会变得非常任性和自私。在放纵的温床中,一切不良的品德得以滋生,最终会造成个人和家庭的不幸和悲剧。教育的爱则是在爱孩子的同时,不忘严格的要求。严格的要求是爱孩子的一种体现,严格要求并不是一味严厉,动辄就训斥打骂。对孩子的要求应合理,凡事提出要求就应该坚定不移地让他们完成,但是,态度应该是耐心、循循善诱的。

2. 要从情感上关注儿童

爱孩子不仅要满足他们的合理物质需要,还要从情感上关心他们,满足其情感和精神的需要。孩子不仅需要成人给他们讲故事、唱歌,还需要成人听他们讲故事、唱歌、看他们跳舞,需要得到成人的赞扬和认可。如果成人对他们的讲故事、唱歌表演以及谈话表现出极大的兴趣,他们情感上就会得到极大的满足。相反,就会失望、伤心。如果成人没有在情感上给儿童足够的关注,甚至疏远、漠视、厌倦儿童,就会使孩子形成性格上的缺陷,如孤僻、冷漠、凶残。所以,成人要多亲近儿童,理解儿童,尊重儿童,既做他们的长辈,又要做他们知心的朋友。和他们一起做游戏、讲故事、谈论他们感兴趣的事。通过情感交流,加强成人与孩子之间的联系和信赖。

3. 鼓励儿童与同伴交往

交往是一种社会的需要机制,是人际交往的反映,儿童能不能顺利地与同伴和睦友善地和谐相处,是儿童心理发展的一个重要的问题。成人不仅要鼓励儿童与同伴交往,还要为儿童创造与人交往机会和条件,促进儿童交往的能力的发展。

创造条件,为儿童提供与同伴交往机会,儿童之间的交往首先从共同的游戏和活动开始,儿童正是在说笑打闹中互相熟悉,获得交往经验的。儿童自控能力差,容易发生争吵,要教儿童学会宽容。如果对他人过于苛刻,就不能宽容别人,是难以和伙伴相处的。

应教育儿童心中有他人,人际交往双方是互动的过程。不能只顾自己的利益和需要,不顾他人的利益和需要,这样别人就不愿意和他交朋友。要引导儿童的注意体察他人对自己的态度和情感,慢慢悟出道理,明白与同伴交往时应该怎样照顾别人的利益和需要。

(四) 阿德勒的释梦学说

他关于梦的学说介于弗洛伊德和荣格之间,尽管他使用了一些新术语。他认为梦与清醒生活并不对立,做梦者与清醒者的人格是一致的。“梦的目的是在支持生活的样式，并引起生活样式的感觉。”“梦是生活样式的产品，它也一定有助于生活样式的建造和加强。”想逃避现实生活的人常常做梦，“梦是想在生活样式和他当前的问题之间建立起联系，而又愿意对生活样式作新要求的一种企图。”人们做梦的目的是“获得对未来的指引及解决问题的方法”，并引起一种准备应付某种问题的心境。由此，他认为大多数梦“是属于恐惧、危险和焦虑的类型”。但他也相信有从不做梦的人。他断言“每一个梦都是自我陶醉，自我催眠”。凝缩和隐喻形成梦的主要机制。

（五）对阿德勒个性心理学说的评价

叶浩生认为，阿德勒抛弃了弗洛伊德的性本能和潜意识，把目光转向社会文化环境和外在因素，他注重于儿童的社会责任感，通过社会兴趣的研究来强调每个人都是社会的一员，对于社会的兴衰和人类的进化都有自己应尽的责任，且认为人们都有一种追求向上的意志和愿望。我们没有再看到弗洛伊德那种对社会的悲观失望，乃至丧失信心，而是让人们感到耳目一新，看到未来生活的美好，从而对未来和自己充满信心。

1. 贡献

（1）强调社会的需要与社会文化的影响，促进了精神分析、社会心理学的发展。

（2）创设了人本主义的人性基础：人能主宰自己的命运，而不是受命运支配。

（3）不仅强调遗传与环境对人格的双重作用，也重视自我意识的作用，这有助于恢复意识在心理学中的主导地位。

2. 不足

（1）把追求优越视为人行为的根本动力，带有主观唯心主义色彩。

（2）重视人格的统一性，忽视了人格结构及其内在矛盾的分析。

（3）把社会兴趣看作人的一种先天趋向，而非人类生产劳动、社会关系与社会生活的必然结果，带有非历史唯物主义色彩。

（4）过分强调家庭环境对人格的影响，没触及社会的本质，因而未能完全说明心理疾病的社会根源。

四、古典精神分析理论与新精神分析理论的区别

新精神分析理论反对弗洛伊德的泛性理论为动力生物主义和对人的悲观

主义，新精神分析强调自我的重要性及社会文化因素对人的行为影响。古典精神分析理论与新精神分析理论的区别如下：

（1）人格结构：（前者）自我是辅助本我的机能；（后者）自我的独立性和自主性，具有自己的能量来源、动机和目标。

（2）人格发展：（前者）本能论或泛性论；（后者）文化和社会因素对人格的影响。

（3）对人性的态度：（前者）性恶论倾向；（后者）善良的，有理性的，有能力发展、改变、完善自己。

（4）儿童发展：（前者）对童年经验的回忆，生物决定论；（后者）直接研究童年时期及早期经验产生的心理结构。

（5）研究方法：（前者）自由报告、对过去经验的回忆；（后者）传统方法与实验方法的融合、跨文化研究等。

第二节 行为主义

行为主义流派的心理学家一直致力于研究人和动物的学习模式，希望可以阐释人类何以形成固定的行为模式，并构建人格模型。多年来，心理学家们对人格的研究取得了明显的进展，初期行为主义流派的心理学家主要通过人外在的行为对人格进行解释。随着研究的不断深入，后期的心理学家们不再仅仅局限于研究人外在的行为，而是开始加大了对社会表征和认知功能的研究力度，包括对人的思维能力、价值观等方面的研究。行为主义学者们认为，学习主要是一种模仿能力，通过模仿他人行为获得自己的学习过程。本节主要对行为主义流派的理论进行阐释，分析其在实践中的应用，并对该流派的贡献进行评价。

一、行为主义

约翰·华生（图 2.5）生于 1878 年，是早期行为主义时期美国第一个将巴氏的研究结果作为学习理论基础的人。华生认为心理学的研究对象应该是可观察到的行为，而非心理或意识；心理学的研究方法应该是客观的方法，而非内省的方法。

图 2.5　华生

他认为学习就是以一种刺激替代另一种刺激建立条件反射的过程。在华生看来，人类出生时只有几个反射（如打喷嚏、膝跳反射）和情绪反应（如惧、爱、怒等），所有其他行为都是通过条件反射建立新刺激—反应（S-R）联结而形成的。华生发表《行为主义者严重的心理学》一文，从而掀起了新的行为主义风潮。随着行为主义被学界广泛关注，1924 年华生对自己的原有理论进行了重新界定，在《行为主义》一书中，华生提出了将行为主义研究科学化的看法，即在行为主义的研究过程中，要从以往的研究方向上进行扭转，要停止对人脑的生理研究，而去研究那些具有可控性的、能够被观察到的人的外部行为。因为人的心理活动并没有一个统一的测量标准，且难以捉摸、难以观察，心理学家们若长此以往对其进行研究，不仅难以形成系统的理论成果，更加难以证明心理学的科学性。由此，行为主义者必须放弃对思维、价值观、理解、思考、期望等诸如此类虚无缥缈的东西的研究，而转向对可观测行为的研究。

除华生之外，其他行为主义者也开始对学习这一过程进行研究，其主要内容即是条件反射。华生也将条件反射视作研究人类行为的重要内容。这些行为主义者逐步抛开了对内在心理的研究，而着重研究人的外在行为如何产生。其中为人们所熟知的相关实验是俄国生理学家伊凡·巴甫洛夫的经典条件反射。该实验将动物作为研究个体，证明了动物能够将外部刺激和使其产生反应的行为联系起来，随后动物就会长期性对这种外部刺激产生反应。另外，还有心理学家研究得出了操作条件反射，主要表现为，当动物的某一个行为对其产生负面影响时，动物就会抗拒这一行为，除非对动物施加惩罚行为，才有可能让其继续这种行为。

诸如此类的研究使华生认为，人类的行为可以归纳为几个条件反射原理。即人格的形成，是人类行为习惯的产物。由于每个人的行为习惯皆有其特性，因而每个人面对外部刺激的反应也有所不同，也就由此产生了不同的人格。华生对条件反射的作用有着坚定信心。他是一个极端的环境决定论者：给我一打健康而又没有缺陷的婴儿，把他们放在我所设计的特殊环境里培养，我可以担保，我能够把他们中间的任何一个人训练成我所选择的任何一类专家——医生、律师、艺术家、商界首领，甚至是乞丐或窃贼，而无论他的才能、爱好、倾向、能力，或他祖先的职业和种族是什么。华生认为心理学是一门自然科学，它的研究对象是人的可观察的行为而不是意识;反对使用内省法而主张采用客观的方法进行心理学研究;否认人的先天遗传素质作用,倡导教育决定论和环境决定论。他的恐惧学习实验就证明了他的环境决定论。

1920 年,华生应用了条件反射对一个 8 个月的名叫阿伯特的幼儿做了情绪实验,证明儿童害怕有毛的动物是后天习得的。实验的程序如图 2.6 所示。

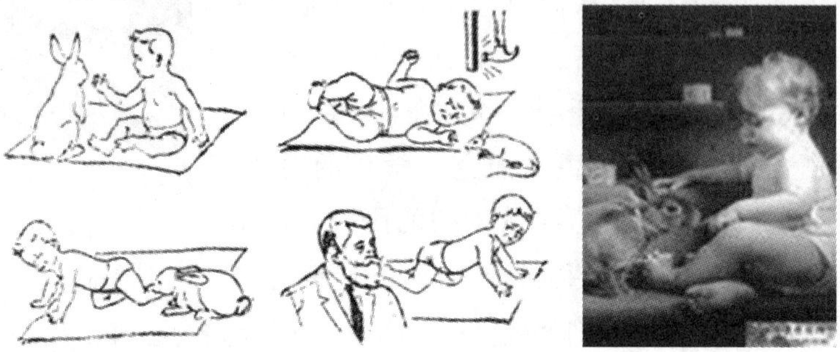

图 2.6

以一个 11 个月大的婴儿为被试者,看能否通过条件作用让他对小白兔产生恐惧。首先让小孩接触一个中性刺激小白兔,孩子毫无害怕的表现,似乎想用手触摸它。然后,当兔子出现时,就用锤子敲击一根钢棍,发生使婴儿害怕的巨响。有一天正当阿尔伯特伸手去触摸那只大白兔时,华生用锤子猛敲那只钢棍,发出很强的噪声,使阿尔伯特产生了很不愉快的感觉。华生是这样描述当时孩子的表现的:他被吓得猛然跳了起来,然后跌倒,一头扎进床上的褥子里,可是孩子并没有哭叫。经过 3 次结合,单独出现的小白兔也会引起小孩子的害怕与防御反应;6 次结合后,被试的反应更加强烈;随后泛化到相似的刺激,对任何有毛的东西到感到害怕,他不仅怕白兔,还怕其他带毛的东西和动物,如猫、狗、刷子等。可见他的恐惧已经泛化。后来,由于阿伯特生病和其他原因,实验没有继续进行下去。他认为,环境对人格的形成具有决定性影响,如果能够百分百控制环境的作用,则可以控制人格的形成,即可以对人进行随心所欲的控制,使其成为环境操控者希望其成为的任何一种人。

华生认为,所有人的素质在出生时都是相同的,但因不同的生活环境及教育训练,而形成各种相异的行为习惯系统即人格,特别是在幼年和少年时的影响更明显。但这并不是说,个体的人格形成后将一成不变,在一定条件下还是可以改变的。

人格虽然是比较稳定的习惯行为模式,但并不是固定不变的。“彻底改变人格的唯一途径就是通过改变个体的环境来重塑个体,用此方法使新的习惯加以形成。他们改变环境越彻底,人格也就改变得越多。"

行为主义者认为心理障碍是由于不恰当的条件反射导致的。比如,恐高症的患者由于一次从高处摔落的经历,或者看到别人这样的经历,从而产生对高度的恐惧和逃避的行为反应。

斯金纳对华生的理论进行了延展,开拓了激进行为主义这一行为主义的分支。对于心理学家对人类行为产生的内在推动力能够观测到何种深度,斯金纳提出了疑问。举例来说,当问一个人为何吃东西时,他可能会回答是因为饥饿,但其实他并没有从根源上回答其进食行为。在这一点上,斯金纳和弗洛伊德的观点类似,即人们自以为已经懂得自己为何做出某种举动,但这一行为背后的深层次原因人们并没有真正知晓。

斯金纳的很多观点都引发了无数争议。其发表的《超越自由与尊严》一书,是其所有著作中最有争议的一本书。在这本书中,他提出,一个人产生某种行为并非是其内心真正对这一行为有所热爱或者是某种心理需求的推动,而主要是环境的推动,即外部环境的刺激使其对某种行为产生了习惯性的反应。因此,人的所谓高尚的行为,所谓对尊严的维护,其实只不过一种幻境,是人的自以为是,其本质不过是人对外界刺激的反应。比如人在火灾中勇猛救人,并非此人有英雄情结,而是因为在其学习过程中,关于火灾救人的情境曾被强化,因此在遇到这种实际环境时,才会产生这种行为。

二、条件反射的基本原理

在传统的行为主义者看来,一个人产生行为的原因主要是条件反射。和条件反射相比,遗传在行为形成的过程中所占的影响比例几乎可忽略不计。条件反射主要包括经典条件反射和操作条件反射。前者又被称为巴甫洛夫条件反射,后者又被称为工具型条件反射。

(一) 经典条件反射

经典条件反射源于刺激-反应(S-R)之间的联结。举例来说,当人遇见老鼠时,一些人会产生惊恐害怕以致逃跑的行为,这一行为就是对刺激的反应。人的行为中处处皆是这种 S-R 联结。

巴甫洛夫利用食物与唾液进行了条件反射实验(图 2.7)。当把骨头这一刺激物呈现在饥饿的狗面前时,狗会给出流口水的反应。这一反应是狗的天性，而非经过训练所形成，因此将骨头成为非条件刺激（UCS），将流口水这一反应称为非条件反射（UCR）。同时，巴甫洛夫把之前的非条件刺激与新的条件刺激（CS）联系起来。他在实验中发现，把给狗喂食骨头的行为与铃声结合起来，使二者同时发生，在这种行为出现多次之后，去除给狗骨头这一行为，只响铃，此时，尽管没有骨头的刺激，狗在听到铃声时依然会流口水。此时流口水这一行为成为了条件反射（CR），并创造了一个新的关于狗的行为 S-R 联结，即铃声与唾液的联结。在经典条件反射这一理论中，一个 S-R 的建立，可以衍生出无数个 S-R 联结。如在巴甫洛夫响铃之时亮起红灯，在这个行为进行多次以后，狗会对红灯产生与听见铃声同样的行为，即流口水。在一个 S-R 联结之上形成其他的 S-R 联结，这一过程就是次级条件反射。

(a) 狗的非条件反射示意图

(b) 狗对无关刺激无进食反应示意图

(c) 在非条件反射的基础上去建立条件反射示意图

(d) 在非条件反射的基础上建立了条件反射示意图

图 2.7

人的大部分行为都充斥着 S-R 联结，而这些联结通常是被忽视的或者难以被发现的，因为人的行为与导致该行为的刺激通常是与外部环境的其他内容融为一体的，其发生具有偶然性。举例来说，一个人喜欢吃某种食物，可能是因为他身边的朋友经常在其面前吃或者谈及这种食物，而这个朋友又恰巧是其喜欢的朋友。

不可否认，经典条件反射具有局限性。一个新的 S-R 联结持久存在的必备条件是要经常进行无条件刺激和条件刺激的结合，一旦这种结合减少或者消失，这个新的S-R联结也将消失。这一现象被称作消退。另外，并非两个事物同时出现就会产生联结，一些刺激能够轻易联系起来，而有些却不能。

（二）操作条件反射

经典条件反射主要是在已有的S-R联结上建立的，而操作条件反射主要是从人类或者低等动物的自发行为产生的。操作条件反射的关注点在于一个行为的后果会对这种行为的出现次数产生何种影响。使这种行为的次数增加的后果是强化，使这种行为出现次数减少的后果叫作惩罚，决定后果是强化还是惩罚的主要因素是人与情境。举例来说，当你口渴的时候，让你喝水就是强化。而如果你很饱或者不喜欢喝水的话，水就是惩罚。

使某种行为的次数增加主要有两种强化策略：一是正强化；二是负强化。

正强化是通过对这种行为进行正面奖励，使行为次数增加；负强化通过减少产生这种行为时的负面刺激来增加行为次数。由此可知，操作条件反射能够有效减少行为主体或者操控者不愿意看到的行为。

条件反射中有几个非常重要的概念：强化、泛化和分化、消退等。

强化：某行为之后呈现一结果性刺激，这一刺激使该行为发生的概率增加，这一过程叫强化。如果某一结果性的刺激使这一操作行为发生的概率增加，那么这一刺激就是这一操作行为的强化物（或称强化刺激），利用强化物诱使某一操作行为的概率增加的过程叫强化，是对符合操控者理想状态的行为进行强化。举例来说，当一个自闭症患者主动和其他患者进行交流时，行为主义治疗师会对这种行为进行奖励。当这个行为开始出现的时候，治疗师应该对其增加关注，在该患者再次进行这种行为之时不断进行强化。

泛化：对一个条件刺激形成的条件反应，可以由类似的刺激引起。一朝被蛇咬，十年怕井绳就是泛化。泛化现象的出现，使得不同情境与相同或类似的反应联系起来，如被训练看到绿灯会流口水的狗在看到红灯时也有很大的概率会流口水，这就是刺激的泛化。当泛化现象被有意识地强化时，这种行为的次数不断增加的概率也将变大。但是，如果看到红灯流口水的狗没有获得奖励时，它将在多次无奖励的情境中分化有奖励和无奖励的刺激，将只会在看到绿灯的时候流口水。

消退：又称衰减，在操作条件反射过程中，受到强化的行为得以保持，没有受到强化的行为将自行消退。例如，鼠在“斯金纳箱”中一有踩杠杆的行为，就会得到食物强化，这样鼠的踩杠杆动作就会增多。但是，如果不用食物强化，鼠的踩杠杆行为就会逐渐消退。

三、社会学习理论与社会认知理论

（一）社会学习理论

20世纪五六十年代开始，心理学家不再坚定不移地相信行为主义的正确性与合理性。一位心理学家指出："如果人只能从失误中进行学习，如果没人教给孩子们怎样游泳，没人教给青少年怎样开车，如果医学专业的学生只能从失败的后果中来掌握为患者做手术必需的技能，那么人类生存的希望就会很小。"此时，心理学者逐渐意识到了行为主义的局限性，开始思考思维、价值观等内在心理因素的可控性。在这之后出现了一系列不同于传统行为主义的新观点，这些新观点都属于社会学习理论的范畴。

社会学习理论强调人的行为与环境的相互作用。举例来说，一个人的行为会影响到别人对他的态度，这一态度即是他所处的环境，同时，他人对待一个人的态度这一环境，也会影响到他的行为选择。在一些社会学习理论者看来，当一个人的行为满足了其内心需求时，这种行为无需借助其他刺激就能实现强化。

最有影响力且广为人知的社会学习理论家之一是朱利安·洛特。洛特对人类的人格与行为进行了解释。他指出，人类行为的产生具有十分复杂的动因。洛特用行为潜能这一概念解释行为背后的原因。所谓行为潜能，是指人在某一特定场景下，产生某种反应的概率。如当某人参与朋友组织的聚会时突然被他人辱骂，他会作何反应？不同的反应代表了不同的行为潜能。如果被辱骂者选择哭泣，说明对其来说，哭泣的行为潜能要明显突出于其他反应诸如回骂之类的行为潜能。那么如何判别行为潜能的大小？对此主要有两个变量要纳入考虑范围：期望与强化值。所谓期望是行为主体关于其行为能够达到某一目标的渴望，如学生选择在考试之前熬夜复习以达到考试成绩优异的期望。所谓强化值是指某种强化相比于其他强化而更加受行为主体欢迎的程度。强化值随着情境的变化而变化。如一个人因独处感到孤独，此时与他人交往的强化值就要高于其处于喧嚣的环境时。

（二）社会-认知理论

阿尔波特·班杜拉认为传统的行为主义人格理论将人的行为动因与老鼠等低等动物的行为动因混为一谈，因此他反对人在外部刺激下的被动接受和被动塑造性这一观点，将认知成分加入了行为主义理论，创造了社会-认知理论。

班杜拉提出了交互决定论，用以形容人的行为是由内因和外因这二者共同决定的。外因包括奖励和惩罚等因素，内因包括思维、价值观、期望等因素。内因和外因在影响个体行为的系统中共同运作，行为、内因、外因三者相互影响，每一个环节都会导致其他环节的变化。举例来说，当一个你反感的人邀请你参加他组织的聚会时，你的内部期望会使你拒绝这次聚会。然而如果这个你反感的人提出，如果你参加这次聚会，他会帮你解决你工作上正面临的十分棘手的问题，此时，外部诱因开始对你的行为起决定作用。如果你在外部诱因强大的吸引力下答应了这次聚会的邀请，进而发现了这个人的优点，不再从内心抗拒他所组织的聚会，甚至不再反感这个人，此时你甚至会对参加他的下一次聚会抱有期望。这个案例中，先是行为改变了期望，同时期望又对之后的行为产生影响，并循环往复。

社会一认知理论创造了观察学习这一概念，为理解人类行为和人格做出了重要贡献。人类很多行为不能单纯通过强化或者惩罚的措施而获得，此时学习的过程就凸显出必要性。比如不能在抓获罪犯后对其进行惩罚来教会其如何遵纪守法，而应在其具备学习能力后就对其进行法纪意识层面的教导。诸如此类，很多行为需要通过观察学习这一渠道获得。

四、行为治疗的基本原则与方法

（一）基本原则

1. 基本假设

（1）异常行为是后天习得的。

（2）个体可以通过学习消退那些后天所习得的异常行为。

（3）无论是正常行为，还是异常行为，作为一种习惯性行为的存在和延续，在很大程度上，是被它们所带来的结果所维持的。

（4）各个异常行为是分别习得的。

(5) 认知的改变也可以导致行为的改变(以行为导向)。

2. 主要特征

(1) 行为治疗突出的特征是坚持。

(2) 行为治疗强调来访者当前的问题与导致这些问题的因素,不强调历史性的决定因素。

(3) 行为治疗在内容上大部分带有教育色彩,强调教导来访者学会自我管理的技能,并期望他们能将所学应用到每天的日常生活中。

(4) 行为治疗具有弹性,可视不同来访者的不同症状而调整变化。

(5) 行为治疗的实践以治疗师与来访者之间的协同合作关系为基础。

3. 我国的观点

(1) 治疗时更强调来访者当前的问题,而不过分追究其过去的经验,治疗只能针对当前来访者有关的问题进行,至于揭示问题历史根源、自知力或者领悟,常被认为是无关紧要的。

(2) 治疗的技术通常都是从实验中发展而来的,即以实验为基础,所以它通常具有明确而又系统的操作步骤和测量方法,强调对行为改变进行科学而系统的测量,这也是行为治疗区别于其他心理治疗的关键。

(3) 行为治疗以行为原理为理论基础,以行为为导向。治疗是要改变人的行为,这种行为可以是外显的,也可以是内在的。

(4) 行为治疗强调来访者的积极性和主动性。

(二) 治疗方法

1. 系统脱敏法

系统脱敏疗法(systematic desensitization)的理论基础是学习理论,即经典的条件反射与操作条件反射。基本假设:① 个体是通过学习获得了不适应的行为的;② 个体可以通过学习消除那些习得的不良或不适应行为,也可通过学习获得所缺少的适应性行为。

系统脱敏疗法是由美国学者沃尔普(J. Wolpe)在20世纪50年代末期发展起来的一种行为疗法。这种方法主要是诱导求治者缓慢地暴露出导致神经症焦虑、恐惧的情境,并通过心理的放松状态来对抗这种焦虑情绪,从而达到消除焦虑或恐惧的目的。如果一个刺激所引起的焦虑或恐怖状态在求治者所能忍受的范围之内,由小到大逐渐训练心理的承受力、忍耐力,增强适应力,从而达到最后对真实体验不产生“过敏”反应,保持身心的正常或接近正常状态。经过多次反复的呈现，他便不再会对该刺激感到焦虑和恐怖，治疗目标也就达到了。从而使患者逐渐消除焦虑与恐惧，不再对有害的刺激发生敏感而产生病理性反应。实质上，“系统脱敏法”就是通过一系列步骤，按照刺激强度由弱到强，这就是系统脱敏疗法的治疗原理。

系统脱敏又称对抗条件疗法、交互抑制法或缓慢暴露法等。系统脱敏是根据沃尔普提出的交互抑制原理，用松弛对抗紧张。在松弛条件下，按照轻重强度顺序将诱发反应的境遇呈现给来访者，让他逐步习惯这种刺激，以消除敏感状态。

基本思想：紧张和放松不可能同时存在。在松弛状态下，就不会体验到紧张。

适应范围：恐怖症和以焦虑为主导症状的行为障碍（如口吃、强迫症），并不是生活中常见的。如考试、恐高症、广场恐怖症等以焦虑为主，但不常见影响生活。

类似系统脱敏法的心理治疗方法在中国古代也有运用。据《儒门事亲》记载：卫德新的妻子在旅途中，住在旅舍的楼上，夜逢盗贼烧房子，因受惊而堕下床来。自此以后，每听到声响，便会受惊昏倒不省人事。家人也只得蹑足而行，不敢冒然弄出声响，逾年不愈。医师张从正（号戴人）诊断后即让二侍女执其两手，按于高椅之上，在面前放一张小桌儿。张从正说：“娘子，请看这木头！”便猛击桌，其妇大惊。张从正说：“我用木头击桌，有何可惊呢？”妇人吓后稍显安定，张从正又击桌，惊已显然减缓。又过一会儿，连击三五次，又用木杖击门，又暗中令人击背后的窗子。妇人慢慢从惊恐中平定下来。晚上又叫人击其卧房的门窗，接连数日，从天黑直到天亮，一二月后，虽听雷鸣也不惊恐了。

系统脱敏法分如下三种脱敏方法：

（1）快速脱敏法（或称真实生活脱敏法）

此法的主要特点是用造成恐惧反应的实际刺激物代替对它的想象；治疗者陪伴着病人通过一系列令病人感到恐惧的情景，直到抵达原先最害怕的情景而不再紧张为止。这种方法比较适用于广场恐怖症和社交恐怖症病人。例如，对于一个害怕拥挤和同生人接触的恐怖症病人，可以让他在治疗者的陪同下于清晨外面人少时乘车到闹市区去。到达后先让病人在车内坐几分钟，如果不感焦虑，可鼓励他下车到商店门口走走……直到病人敢于进入拥挤的商店购物而无焦虑反应为止。

（2）接触脱敏法

这种方法特别适用于特殊物体恐怖症，例如对蛇和蜘蛛的恐怖症。接触脱敏法也采用按焦虑层次进行的真实生活暴露方法，与其他脱敏方法的不同之处是增加了两项技术——示范和接触。让病人首先观看治疗者或其他人处理引起病人恐惧的情境或东西，而后让病人一步一步地照着做。如果病人害怕的是一种东西，如蛇，那就让病人观看过治疗者触摸、拿起和放下蛇的示范后，先从事一些与接近、触摸蛇有关的一些活动，而后逐渐接近蛇、触摸它，直到敢于拿起它而无紧张感为止。

（3）自动化脱敏法

根据同病人的一系列交谈的结果，治疗者将所识别出的病人的焦虑情境（如喧闹嘈杂的声音、拥挤的人群或爬行中的蛇）录音、录像，而后利用这些制备好的录音、录像对病人进行治疗。这种方法的突出优点是：① 病人可以在家里独立使用，而不必花费治疗者太多的时间；② 病人可以依自己的情况自己决定脱敏的速度和进度，这有助于减少脱敏治疗中的一些不良反应；③ 录音和录像中可加入治疗者的指导和有关的治愈范例，从而也可起到指导与示范作用。

自动化脱敏法可用于对即将接受接触脱敏、快速脱敏和冲击治疗的病人的准备中，也可以作为其他脱敏法的一个补充，在其他脱敏治疗的间歇期作为一种家庭作业而采用。此外，对于非恐怖症患者，例如对即将到来的临床检查和治疗而感到有些紧张不安的病人，自动化脱敏法也可发挥其独特的作用。

2. 厌恶疗法（又称对抗性发射疗法）

这是一种应用具有惩罚的厌恶刺激来矫正和消除某些适应不良行为的方法。

治疗原理：将欲戒除的目标行为（或症状）与某种不愉快的或惩罚性的刺激结合起来，通过厌恶性条件作用，而达到戒除或至少是减少目标行为的目的。

厌恶疗法既可用于消除单个行为，如咬指甲、拔毛癖或吸烟等，也可用于强迫思想或强迫行为；还可用于酒精滥用、药物瘾癖、同性恋及各种性欲倒错者；对于婴儿孤独症或重度精神发育迟滞患儿的自伤行为同样可采用厌恶疗法。厌恶治疗的形式以有下列三种：电击厌恶疗法、药物厌恶疗法、想象厌恶疗法。

（1）电击厌恶疗法

电击厌恶疗法即将求治者习惯性的不良行为反应与电击连在一起，一旦这一行为反应在想象中出现就予以电击。电击一次后休息几分钟，然后进行第二次。每次治疗时间为20～30分钟，反复电击多次。治疗次数可从每日6次到每两个星期一次，电击强度的选择应征得求治者的同意。

（2）药物厌恶疗法

药物厌恶疗法即在求治者出现贪恋的刺激时，让其服用呕吐药，产生呕吐反应，从而使该行为反应逐渐消失。药物厌恶疗法多用于矫治与吃有关的行为障碍，如酗酒、饮食过度等，其缺点是耗时太长，且易弄脏环境。

（3）橡皮圈疗法

橡皮圈疗法是取代电击的一种方法，在日常生活中可用，也可由求治者自己掌握。具体做法是在腕部带上橡皮圈，当出现不良行为时立即用橡皮圈弹击皮肤。

（4）想象厌恶疗法

想象厌恶疗法即将施治者口头描述的某些厌恶情境与求治者想象中的刺激联系在一起从而产生厌恶反应，以达到治疗目的。此疗法操作简便，适应性广，对各种行为障碍疗效较好。

疗法应用案例

（1）青少年网络依赖症厌恶疗法

对学生应以想象厌恶疗法为主，具体做法是：

① 在班上开展“我和网吧”的演讲比赛。要求写出网吧的好处和害处，写出上网的感受。为什么还要写好处呢？是为了辨证地思考问题，也是为了避免学生的抵触心理。通过演讲比赛，同学们认识到了网络的魅力，也认识到了网络对青少年有害的一面。

② 把学生演讲中关于网吧环境的乌烟瘴气，关于网吧中不良少年的语言污秽与行为放荡，关于上网后的头昏脑胀、视力下降、精神萎靡等等描述集中起来，每天放学时在班上反复宣讲，让学生在反复的刺激中对网吧产生厌恶心理。

③ 对个别症状较为严重的学生，可以用橡皮筋代替电击。只要心中一有上网的念头不能消除就拉手腕上的橡皮筋，直到消除上网的念头为止。

④ 开展丰富多采的文体活动以减轻学生对网吧的依赖。

坚持了两个月之后，某试验班的几个网虫基本摆脱了网络依赖症。

（2）如何用橡皮圈厌恶疗法治疗强迫症

橡皮圈厌恶疗法是厌恶疗法中的一种，主要就是利用拉弹预先套在病人手腕上的一根橡皮圈，以作为非条件性的厌恶刺激，用以抑制病人已发生的各种病态现象，如强迫性思虑或行为及性变态行为等。这种方法简单易行，但操作必须正确，否则常影响效果甚至无效。操作时要求：

① 拉弹必须稍用力，以引起腕部有疼痛感。

② 拉弹时必须集中注意力计算拉弹次数，直到病态现象消失为止。

③ 拉弹如果在 300 次以上，病态现象仍不消失，必须考虑拉弹方面是否有问题，如方法正确无误，可能此法对这一病人无效。

④ 每日必须做治疗日志记录。

兹引用一例以橡皮圈厌恶疗法治愈强迫症的案例如下：

某女，13 岁，中学生，某年 3 月 21 日来心理咨询。两年来一见到男性（不论年龄）即产生可能要与他谈恋爱、结婚的想法，虽明知不可能，但脑内反复思考不已，无法控制，以致影响生活与学习。另外到商店去或在门口经过，便产生害怕被售货员说少付了钱的想法，明知不会，但亦不可控制，以致怕去商店。病前个性好静，喜欢看书。体格检查除长得较高大外无异常。诊断为强迫症（强迫性思虑）。应用橡皮圈厌恶疗法。在左手腕上套一橡皮圈，要求当见到男性或经商店出现上述强迫观念时，即拉弹橡皮圈至有痛觉；并计算拉弹次数，直到强迫观念消失为止。每日并需做记录，结果第 1 周每天出现上述强迫观念 3～6 次，每次拉弹橡皮圈前 3 天是 30～50 次才消失，后 3 天拉弹 3～5 次即可消失；第 2 周每天出现强迫观念平均 2 次，拉弹橡皮圈 2～5 次即消失；第 3～6 周，平均每天约有 1 次强迫观念出现，拉弹橡皮圈 5～10 次即消失。从第 9 周起强迫观念不再出现，橡皮圈亦脱掉（病人称橡皮圈是“救命圈”），偶有轻微关于性的想法，能很快自己控制而消失。之后追踪观察 3 个月，强迫症现象无复发。

3. 满灌疗法

满灌疗法（flooding therapy）也称暴露疗法、冲击疗法或泛滥疗法，该方法基于 Foa 和 Kozak 的情绪加工理论（与系统脱敏疗法相反）。暴露疗法分为实景暴露和想象暴露，不给患者进行任何放松训练，让患者想象或直接进入最恐怖、焦虑的情境中（直面冲击恐惧和害怕的东西），以迅速校正病人对恐怖、焦虑刺激的错误认识，并消除由这种刺激引发的习惯性恐怖、焦虑反应。此时常伴有强烈的情绪反应，但患者又不能逃脱，从而使这种情绪反应在短期内高度紧张而渐趋消退，因此短期内使障碍消除。

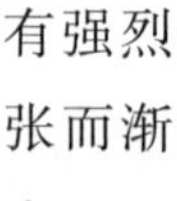

疗法应用案例

一名因担心寒冷会使下肢冻坏而至瘫痪的恐惧症病人，即使到了夏天上身仅穿单衣，下身仍穿着厚厚的绒裤和棉裤，病人诉说他只要一脱棉裤或者想象要脱棉裤,下肢就发抖、僵硬以致不能站立和行走。

治疗时室温为 28 ℃,病人上身只穿单衣,下身却穿一条衬裤、一条棉毛裤、一条毛线裤、一条厚棉裤,并加一双厚的长统袜子。治疗者告诉病人治疗经过,检查他的下肢和上肢的功能一样,在室温下不会发生瘫痪。在治疗者的保证下,取得病人的同意后,要病人躺在治疗床上,用极其迅速的方法将其棉毛裤、毛线裤和棉裤包括长统袜在内一并脱下,只留短衬裤,结果病人下肢并未出现发抖、僵硬现象。要病人在床上活动下肢,数分钟后即下地行走,一次治疗就获得成果。

实施暴露疗法注意事项:

① 实施暴露疗法前,应对患者的身体状况有充分的了解,如果患者有心脏病、高血压等,切不可应用暴露疗法。

② 由于暴露疗法所引起的心理、生理反应剧烈,可能加剧焦虑,导致回避,因此,在实施过程中一定要谨慎。

4. 代币制疗法

这是在斯金纳的操作条件反射理论,特别是在条件强化原理的基础上形成并完善起来的一种行为疗法。它通过某种奖励系统,在病人做出预期的良好行为表现时,马上就能获得奖励,即可得到强化,从而使患者所表现的良好行为得以形成和巩固,同时使其不良行为得以消退。这种方法还广泛地应用在教育方面。

适时适当的鼓励,可以愉悦孩子心情,塑造孩子行为。对孩子的好行为进行适时适当的奖励,可以使孩子感到愉快,从而使孩子愿意重复这样的行为。奖励的形式多种多样。如果孩子表现得好,你立即给予奖励,这个行为就会得到巩固,它对孩子起到激励作用。

(1) 明确目标行为

在使用代币制的时候,要处理好短期目标和长期目标的关系,短期目标是把目标先定为一个或几个好行为,然后让这些好行为产生拉动作用,最后实现长期目标。对短期目标的表述要有明确的界定,不能使用含糊的词语,比如避免说:"不能睡懒觉""房间里不能乱七八糟""干家务活不能偷懒""晚上别贪玩得太晚"等,应分别明确表述为:"6:30 按时起床""整理床铺、打扫自己房间卫生""帮妈妈择菜洗菜""21:30 按时睡觉"等。

(2) 建立基数

累计几次行为就可以得到奖励,"代币"能换得什么奖励,这都需要教育者的尝试和决断。一般以天、周、旬、月为单位计量行为次数。习惯所培养的是长期行为，而不是短期行为，孩子年龄越大，自制水平越强，一般以周为累计单位比较合适。

(3) 确定代币

基数确定之后，就要选择合适的“代币”。“代币”是具有象征意义的实物，孩子明白“代币”所代表的价值，而且确实对其有吸引力。“代币”要用起来方便、及时，一般可以用计数、计点、铜板、花纹印章、小红花、小贴纸、扑克牌、塑料棋子等来记载。由于“代币”是生活中常见的一些标志性小物品，很容易仿制出来，有些孩子可能耍小聪明，自己私藏或模仿这些“代币”来冒充。因此，父母要实行必要的监督。

(4) 确定奖励

孩子用代币换取或者说支付、购买什么样的奖励(这叫“后援强化物”)，要在保障安全、健康的前提下，根据孩子的喜好来选择。先用物质奖励，再用精神奖励，待孩子表现自然、正常以后可以撤消奖励。如行为赋分(表 2.1)、奖赏项目(表 2.2)。

表 2.1 行为赋分

要求的行为	分值
按时起床	2
按时睡觉	1
规定时间内吃完早饭	1
学习累计 2 小时	2
认真完成某项学习任务	1
要求的行为	分值
整理房间	1
完成某项任务	1
其他要求等	1

表 2.2　奖赏赋分

奖赏项目	分值
一本连环画书	4
去麦当劳一次	10
去动物园一次	20
玩某个游戏	18
购买某个玩具	15
看电视一小时	5

奖励项目的调查：

① 如果你希望得到三样东西，它们是什么？

② 如果你有以下那么多钱，你准备如何使用？

1.00 元；

1.00～2.00 元；

2.00～3.00 元；

3.00～5.00 元；

5.00～10.00 元；

10.00～20.00 元；

20 元以上。

③ 如果你可以单独和爸爸进行一次活动，你想做什么？

④ 如果你可以单独和妈妈进行一次活动，你想做什么？

⑤ 你想得到什么额外的优待(多看一次电视、晚点儿上床睡觉等)？

⑥ 你想和朋友一起做些什么(看电视、一起游戏、买冰激凌等等)？

通过调查，你就能找出合适的奖励项目，然后可以把这些项目分成两部分，一部分用于奖励孩子每天的进步，另一部分用于奖励孩子每周或每月的进步(表 2.3)。

表 2.3　奖励举例

每日的奖励	每周的奖励	每月的奖励
粘贴画	书	玩具
小食品	看电视	外出游玩

(5) 结束训练

用代币制建立了一个理想的行为习惯之后,就可以自然地结束训练,如果希望建立别的行为习惯,还可以把代币制用到下一个行为训练之中。至于是否还用同一种"代币","币值"多少,可再次商讨。

五、行为主义和社会学习流派的贡献与批判

(一) 贡献

行为主义流派在人格研究中能够占有一席之地,一个重要原因就是该流派建立在充实稳固的实验基础之上。如经典条件反射和操作条件反射对人行为的影响有着充足的实验数据,即便他人对此进行反复实验,也会得出与之相同的结果。因此行为主义的研究因其丰富的实验成果而难以被推翻。另外,行为主义流派为对心理问题患者进行治疗提供了有用的治疗方法,如认知—行为疗法是很多心理治疗师在调解婚姻或家庭问题时首先考虑使用的治疗手段。

社会学习理论和社会理论对行为主义进行了改造,在传统行为主义的研究中加入了认知因素,对传统行为主义的一些研究不足进行了补充,使行为主义在研究人格时所能涵盖的范围更广,对行为的解释也更为深入和全面。社会学习理论对人格的研究,既包含了对外在行为的研究,也将思维、价值观等内在层面纳入了研究框架之内。

(二) 批判

行为主义自诞生以来,就一直面对批评,即行为主义对人格的研究范围太过狭小。对此主要出现了两个指向的批评:第一个指向的批评认为斯金纳所提倡的行为主义着重于对内在心理的研究,而这种研究意义不大。同时,行为主义虽然对思维、期望等内在心理层面的因素进行了考察,但考察和研究方法却有待加强。第二种指向的批评认为行为主义关于人格的研究忽视了遗传这一重要因素。同时,条件反射原理存在不足之处,即对条件反射的研究忽视了条件反射行为的产生有由困难到容易程度的不同。如把一份食物放在动物面前,动物抗拒进食的话就对其进行电击,此时动物反应强烈;而如果把食物替换成动物厌恶的种类,此时动物反应则没有电击之时来得强烈。

第三节 人格特质

在社会交往过程中，陌生人之间首次接触都会关注对方的性格，但如何对性格进行表述是每个个体需要对自身进行思考的过程。像大多数人一样，你也许会形容自己是什么类型的人——开放型、安静型、内向型，也可能会描述你的特征——羞涩的人、乐观的人、敏感的人。不论是哪种表述，你都是根据自身的稳定性人格特点来描述自己，将自己归为某一类概念中的人。从人格理论来看，这都是根据人格的特质理论来对此进行分析解答。

自从人类文明产生以来，随着语言的出现，人们试图对人格进行描述。对此有学者对英语词汇中描述人的形容词进行了罗列，发现多达四千多个单词。人格心理学家则需要从学术的研究角度将这些形容人的词汇进行整合建构，形成一个完整的人格分析体系。最初的类型学就是为了发现和表述人格类型而产生的。在早期的希腊社会，古希腊人将人分成了四类：多血质的快乐型人格、抑郁质的不快乐型人格、胆汁质的易怒型人格和黏液质的冷漠型人格。随着社会的发展与人格研究领域的发展，当前已没有多少人采用这种人格分类模式。在今天这种类型说已经被人格特质理论代替了。

一、特质流派

（一）作为特质维度的人格

人格特质即人格维度的表现，这是根据个体在人格元素特征所表现的强烈程度进行衡量分类而成的。特质流派对于人格的判定基于一定的假设。特质理论研究者首先假设人格特征在时间的维度中存在一定的稳定性。如果一个人今天在夜店里是一个交际花，第二天就害羞地逃避各类社交场合，这就很难表现出她善于社交的稳定性特征，但如果她一直喜欢跟各种人交流、做朋友，这表现出了她较强的社交能力。特质研究者认为善于交际的人在多年之后依然会保留着较强的交际能力，这种情况即人格特质的跨时间稳定性特征。同时，特质流派还有另外一个重要的假设，就是人格特质具有跨情境的稳定性。例如一些具有暴力倾向的人，不仅会在赛场上表现出较强的攻击性，也会在公共场合或自己家里表现出较强的攻击性。特质流派认为在不同环境下始终保持着较高的攻击性水平，表明了攻击性人格的跨情境稳定性。

（二）特质流派的特征

人格研究领域中的特质流派的研究重点不同于其他流派。特质流派研究者不会去预测某一人格在特定环境中的行为，而会关注某类人格特质的群体会有怎样的典型性特征的行为表现。特质研究者通常会将不同人格特质的人群进行对比分析，并且特质流派还有着另外一个特征，特质研究者不注重探究某一人格特质的行为动机，而是对这类人格的特征和预测行为进行解释，于是一些心理学工作者在试图借用特质理论对人格行为进行预测分析的时候往往会陷入死循环意境。例如向特质流派研究者提问小张为什么打小王，回答一定是小张具有攻击性，那你再反问为什么小张具有攻击性，回答就可能是因为小张打了小王。这种虽然在逻辑上看似并无问题，但实际上仍然使得对人格特质与行为特征间的描述处于一种较为困难的境地。

特质研究者更关注那些独特人格特质的形成过程，例如一些善于交际的人是否具有一个较为开放活泼的家庭环境，而其他人格研究者则更会倾向于研究这个善于交际的个体深处的人格特征。特质流派在进行人格研究分析时的优势之处在于，特质研究者往往会采取群体性的研究方式，对某一特质的人群进行共性特征提取，当有些人描述一个人比较易怒时，特质研究者会说这类人都具有易怒性特征。

由于特质研究者过于注重人格特质的稳定性，使得他们对于人格的变化过程缺乏深入的研究，因此在对于一些人格障碍患者的治疗上，特质流派扮演的更多是学术研究者的角色，为其他的治疗师提供专业上的参考。所以，人格特质流派并未发展产生出心理治疗学派。

二、特质流派的重要奠基者

（一）高尔顿·奥尔波特

学界普遍认可的首部关于人格特质的著作出版于1921年。这本书是由高尔顿·奥尔波特（图2.8）与他哥哥弗劳德·奥尔波特共同出版的《人格特质：

分类与测量》。四年后高尔顿在美国大学中首次开设了关于人格的课程。

高尔顿对于人格的研究起始于大学时期，他在大学期间承担了他哥哥弗劳德的实验心理学课程，并且参与编辑了相关的研究杂志。弗劳德研究的是社会心理学领域，而高尔顿则选择了心理学中完全不同的方向，这也与他自身对心理学的理解密切相关。高尔顿大学时期说道，他与其他心理学研究生存在较大的研究差异，他对于实验、医学研究毫无天赋。于是开始对心理学的其他分支进行探索。虽然他早期的人格特质学说遭到了强烈的批评，但他始终坚持自己的观念，并且对特质理论进行了独特且深入的研究。最终在1937年，他的研究成果获得了学界大多数心理学家的认可，并一举当选为美国心理学会主席。

图2.8 高尔顿·奥尔波特

高尔顿对于心理学研究分支的选择特立独行，在研究方式上他选用了其他人所摒弃的研究方法——个案研究法。高尔顿通过对不同人格个案进行研究分析，来确定各种特质的构成，并通过不同特质的组合来阐明个体的人格特征，而非后来的对某一特质人群的整体分析判别。在个案研究法中，高尔顿首先会让研究对象列出描述自己行为的5～10个特质，然后让研究对象的朋友列出对于研究对象的特质描述，通过特质词的对比来选出最能说明个体人格的特质，高尔顿将此称之为核心特质。如果我们想要了解一个陌生对象，按照高尔顿的研究方法我们只需要确定他的核心特质就行了，然后再通过深入地了解和观察来判断他不同人格特质的维度水平高低来判别这个人的人格特征。

有些人的某一人格特质比较突出，即我们所谓的性格比较鲜明，单一特质对个体人格的决定性较大，高尔顿将此称之为首要特质。社会中这种单一特质起支配作用的人格案例数不胜数，例如唐吉坷德式人格、阿Q式人格等。借助个案研究法的优点，对于特质的判别由研究对象即个体发挥着主导作用，而非研究者来决定分析哪些特质，这使得人格特质的研究存在一定的真实性与科学性。同时，在此基础上特质研究者采用整体研究方法，对核心特质进行判别，并提取人格中的首要特质，以此分离出其他的次要特质。

高尔顿在对人格的研究中也表现出了对儿童的自我认知形成过程的强烈关注。根据高尔顿的研究，婴儿时期的个体很难意识到自己与周边环境的差别，随着逐渐成长，在与母亲的接触中婴儿会很快意识到自己与环境中的其他物体并不相同，并且可以控制自己的身体，这也是婴儿对自我的早期认知。并且随着婴幼儿的成长，他也会逐渐产生自我的认同感，最终形成对自我的完全认知，高尔顿在此方面的观点与精神分析理论具有相似之处，即人格是通过长期的发展逐渐形成的。同时，高尔顿在对于自我人格的研究中提出了本体性，即自我所有要素的整合体。使得自我在特质流派的研究中也处于核心的地位。

（二）亨利·默里

虽然绝大部分的特质流派研究者对精神分析理论持反对态度，但亨利·默里在人格特质的研究中深入结合了精神分析的相关概念与理论内容，在人格理论研究的相关著作内容中表现出了极强的精神分析倾向。对此，亨利将自己的研究方法称为人格学，并将个体的需求作为人格的基本成分之一进行研究，他研究的个体需求并非是食欲等生理需求，而是一些心因性需要。这与他的精神分析研究背景有着巨大关系，他的很多研究是针对无意识层面的分析。

根据亨利的研究，任何一个个体都可以根据人格的需求层次理论进行说明。例如，如果你强烈地认为你需要进行社交活动来拓展你的朋友圈范围，那么你就会被认为有社交性需要。这种需求的重要性不在于与其他个体的需要相比较，而在于个体内部的需求强烈度。例如虽然你渴望参加某个聚会以满足自身的社交需要，但次日你有一场毕业答辩，这个时候你的需求层次上则表现为毕业答辩，即自身实现需求更为强烈一些。

针对以上情况，亨利认为，人格中的某一需求层次能否被激发，取决于个体所处的情境，即外部压力环境。例如当一个人处在一个公共场合中，虽然他可能会产生较强的性欲，但他依旧会遵守公共秩序而减轻性欲的需求。除了这些方面的研究外，亨利对人格研究领域的贡献还表现在他所引发的一些研究。在亨利的研究过程中，他都会让他的学生深度参与并独立完成，在这种帮助下，他的学生也很快成长，并成为了学界内著名的人格研究者。

三、特质论的争议

从早期的特质论形成到现在，特质流派已经经过了长期的发展，在人格特质横向方面运用的种种测量手段几乎包含了心理学中的各种分析工具，同时也吸引了心理学中不同分支的研究者对其成果进行研究。在第二次世界大战后，特质分数测算方法成了诊断心理障碍的重要依据，有时候长达数百道测试题需要患者耗费几个小时的时间来完成，因此心理治疗师也会获得关于患者的更加详实的资料。在特质测验方面，已经发展出无数套测试题，社会已经逐步认可测验分值与行为特点的联系度。

虽然人格特质测验在不同领域被广泛应用，但是在实际应用过程中也出现了一些滥用的情况。一些社会学家批评这些心理学研究者的测验方式，是将患者在毫无防备的情况下，赤裸裸地暴露在社会的目光中进行度量，这是一种隐私权的侵犯。

同时一些心理专家的专业性与职业性也为人格特质理论带来了不必要的争议，一些心理研究者在对患者进行测验时，有时候会凭借对患者的主观感受，仅凭测验中的一两条数据就对患者进行判断，使得20世纪六七十年代美国精神病误诊率高发，这种随机性的判定使得人格测验方式受到质疑。同时，也没有科学的验证方法来论证人格特质的测验对于人格类型的确定性作用，表明人格特质学说也仅是根据少量的样本来进行整体的假设，再进行具体的归类并形成最终的判定的。

虽然人格特质学说已经得到了学界广泛的认可和社会广泛的应用，但依然有大量的批评者对其产生质疑。批评者认为人格特质学说只是对人格构成类型的某些要素进行夸大性的表述，同时由于人格的复杂性远远超出了人类的想象，单靠一些测验题得出的数字来判定和预测个体的人格特征与行为是一种荒诞的做法。其实，归纳总结来看，这些争议主要体现在两个方面：一是特质测量方法无法准确预测人格行为，二是人格特质的跨情境一致性特征无法论证。

首先看特质测量无法准确预测人格行为这个争议，其实这个争议的核心点在于决定个体行为的是情境还是人格特质，即一个人之所以产生某种行为举动是因为这个人所处的情境，还是因为这个人本来就是能做出这类行为的人。一些情境论的拥护者认为，人是适应环境而存在的，所以个体的行为特征是由情境所决定的。对于处于某个情境中的数个个体表现出了不完全相同的行为情况,情境派拥护者解释说这是由于个体在同一情境下具有一定的相近性,同时也会存在一些个体差异形成一定的差异性行为。情境论的说法也并非完全正确或错误,这些争议也为现代心理学家带来了新的启发,当前多数心理学家都认同个体的行为是由个人与情境的交互作用所决定产生的。

同样,关于特质理论的一条重要的争议点就在于没有足够的科学方法能够论证跨情境的一致性。在针对人格特质的研究中,有研究者用了数年时间针对数千名儿童进行了关于诚实度的测验分析,并且运用了 23 个维度的问题进行数值测算,结果发现这些测验结果之间的平均相关系数仅仅为 0.2。由于人格特质学说假定了人格特质具有跨情境的一致性,而这次研究结果则与此呈现出了截然相反的结果,因此在 1928 年开启的这次人格研究案例成为了很多批评者攻击人格特质学说的武器。

虽然有些学者的研究表现出不同个体在不同情境中的行为具有显著的一致性特征,但学者认为这种一致性特征只是表象上的一致性,若通过深入研究则可以看到这种一致性并不存在。这从心理学的角度也可以进行解释,即人看到的只是他们希望看到的,这是由于大脑的自我欺骗所形成的认知偏差所导致的。例如一旦我们认为某个陌生人给我们的第一印象是不友好的,我们就会在接下来的接触和观察中着重留意陌生人不友好的行为特征,直到我们判定这个陌生人的确是不友好的,这种看似真实的判定方式很容易被颠覆,当我们再接触到我们熟悉的某个好友时,恰好他跟这个陌生人是挚友,通过他我们又了解到这个陌生人的善解人意、友好型等。因此,在人格研究过程中很多看似跨情境的一致性行为实际上可能并不是我们所预想的那样。

第四节 人本主义

人本主义心理学(Humanistic Psychology)是 20 世纪 50 年代兴起于美国的一种心理学新思潮,也称为现象学的心理学。它重视研究人的本性、动机、潜能、经验以及价值。到了六七十年代,迅速形成与发展起来,成为西方心理学研究的主要取向之一,人本主义流派作为心理学领域的一个重要分支,当时的心理学领域关于人性的研究主要集中于两大层面:一个是精神分析理论的研究,另一个则来自于行为主义理论。其中弗洛伊德的精神分析学派将人的行为逻辑归因于性本能与攻击性人格，而行为主义的看法则更为极端，将人比作实验室中的动物，人只是体积较为庞大而已，人的行为是基于外界环境对个体的刺激所做出的机能反应，而不是因为人的选择。他反对弗洛伊德精神分析性本能决定论以及只研究神经症和精神病人（非正常人变态心理学），不考察正常人心理，精神分析看低了意识经验作用。反对行为主义环境决定论（非人性白鼠心理学）的旗帜因而崛起，因而被称为心理学的第三种运动（马斯洛说，弗洛伊德提供了心理病态的一半，而我们必须补上健康的另一半），也成为第三势力。人本主义心理学在学术界和社会上反响巨大、影响深远。

随着社会学的发展及心理学研究的逐渐成熟，更多的心理学家纷纷对这两种关于人格研究的观点提出了质疑。因为这两种研究完全忽略了独立意志和个体人格，与当时社会的普遍认知和价值观完全不符。基于此，一些心理学家逐渐开始了新的探索，并逐渐形成了人本主义流派的理论观点，为心理学领域注入了一股新的力量。

人本主义流派与当时其他人格研究流派的重要区别点是将人作为行为的主体，并设定个体关于其行为的主要责任。即个体在社会活动中，有时候会因为外界环境刺激诱使自身做出一定的行为反射，而更多时候则是由主观意识的驱使去做出一定的行为。例如你虽然处于学校教室的环境，正在听着老师讲课，但是你这个时候可能会决定给老师打个报告，开个小差偷溜到学校操场去转转。

人本主义流派中的重要人物亚伯拉罕·马斯洛当选美国心理学会主席，一定程度上代表着人本主义学说已经得到了学界广泛的接受和认可。

一、人本主义的起源

心理学领域涉及范围广泛，人本主义学说的理论形成来自于多个分支，但综合其理论内容可以发现，它主要受着两个分支的影响：一个是欧洲的存在主义学说，另一个是美国的心理学研究。

欧洲的存在主义学说发展已久且影响范围较大，早在启蒙运动之前便已出现。存在主义围绕着人存在的意义、人的自由意志及独立人格等多种问题进行探讨，很大程度影响了欧美社会的整体价值观，这些理论中的概念观点也成了人本主义学说中重要的理论基础。并且存在主义在欧洲的发展过程中逐渐与心理学领域结合，还产生了存在主义心理学派。存在主义心理学派的关注点在于解决人存在所产生的焦虑问题，这也是由于一些个体由于对生活没有感觉到意义而产生的恐惧，存在主义心理学以实用性的观点和治疗方法来解决这些现实中的人格问题，以激发患者建立对于人生的正面态度。

存在主义学说对美国的心理学界也有着重大影响，并推动了美国传统心理学研究向人本主义研究的转变。其中重要的一点就是亚伯拉罕·马斯洛的转变。马斯洛个人的二战参军经历使得他对于人类行为与心理学的认知产生了巨大转变。于是他决心重新去理解人类的行为，并在其研究基础上与其他心理学家共同建立了人本主义流派。

二、人本主义的思想内容

人本主义思想形成较晚，从出现到现在也仅有半个世纪的跨度，学术界依然围绕着人本主义研究思想进行新的探索，当前并没有一个得到学界普遍认同的人本主义核心人格理论观点。但这并不影响人本主义得到普遍的认可与支持。

在人本主义提出之后，很多心理学研究者都将自己称为人本主义学者，在20世纪六七十年代，整个学界掀起了对人本主义研究的热潮，致使学术界呈现了种种扭曲的研究现象，有一些心理学家甚至声称人本主义可以治疗一些人的心理问题乃至生理疾病，并将人本主义当成自己在学术界出人头地的金钥匙。然而，随着研究过程的不断深入推进，现在人本主义研究早已失去了原有的热度，对于人本主义理论的推广和宣传也逐渐减少了，但依然有大量的心理学家和心理治疗师自诩为人本主义流派。针对人本主义流派的界定并没有明确标准，学术界对人本主义核心内容进行提取，并归纳出了四大核心点：强调人的责任；强调情境；根据现象学角度对个体进行分析；强调个体的成长过程。

（一）强调人的责任

存在主义学派认为，个体要对自己所做出的行为及行为所导致的后果负责，这种对个体主体责任的强调也成了人本主义中关于人格理论的概念基础。

某种程度上，我们可以做任何我们想做的事情，也可以拒绝做任何事情。人本主义表示在特定时期，行为是个体的自我选择。例如我们选择与外界保持良好的接触，不是我们必须得这样做。我们选择去某家餐馆吃饭，选择投票支持某个竞选者并不是我们必须得做这些事情。有些时候我们也会为做出的一些行为付出相应的代价，例如我们在路边与行人发生冲突时选择下车打架，这种行为是不合理的，但我们还是选择了这样的冲动性行为，结果就是我们需要为我们的行为承担责任，要被行政拘留几个工作日，同时也受到身边其他人对自己的议论和批评。

弗洛伊德精神分析理论过于强调无意识的作用，将个体看成无法实现良好自我控制的主体。而人本主义则将个体视为他们私人行为的主动构建者，并且可以自由地组织自身的行为与思维意识。虽然一些情况下这些患者的自由意识是极其可怕的，但是，人本主义在对人格障碍患者的治疗过程中也特别注重引导患者发挥自己的能动性，唤醒自身的自由意识。

（二）强调情境

你可以试想一下上周末自己都做了哪些事情，可能你有一个难忘的假期，也许是一次尴尬的约会。这些都是你自身对自己行为的感受，但人本主义流派会认为，你对过往事情的回顾使得你丧失了宝贵的时间，你并没有充分利用生命赋予你的时间，或许你本应该自由呼吸空气，眺望蓝天白云，或者通过其他的自我学习行为提升自己的见识。

根据人本主义视角，个体应该根据现实生活的原始面貌进行自己的生活，以形成健全的人格。虽然回顾过往或规划将来或许有益，但这些行为耗费了宝贵的时间，人只有享受此时此刻，才算得上是真正的生活。人本主义的观点就是现时的人们不应该是过去或将来的牺牲品，我们自由地组织进行现在的行为，虽然过去的经验会对现在的我们造成影响，但我们可以让这种影响自然而然地发挥其作用，不要与之产生过多的纠缠和过多的联想。既不能因为过去自己的尴尬行为而将自己一直放在一种尴尬的处境中，也不能因为过去与一个人的不良关系而使现在的这种不良关系延续下去，所有的东西都不是一成不变的，都可以让现在的自己进行自由决策和自由选择。

（三）根据现象学角度对个体进行分析

在人本主义流派看来，没有任何一个人比你更能够认识自己。同样在人格障碍患者的精神治疗过程中，虽然心理治疗师会获得大量关于患者的信息，但治疗师仍然无法从真正意义上对患者的人格等方面做出判断或给予任何意见。在此方面人本主义流派认为心理治疗师在人格治疗中所扮演的角色应该是通过对患者的了解来给予患者提供一定的指导，帮助患者更能发现自己并且达到自助的效果。

不仅是社会公众，连很多心理学家都对人本主义所推崇的这种治疗方法大惑不解。这看起来就相当于一个逻辑悖论，既然人格障碍患者无法良好地认知自己的问题，更无法解决自己所面临的困境，心理治疗师为什么还要将这种解决问题的主体赋予患者，如果患者能够自己解决自己所面对的心理问题，那他就不是患者了。人本主义对这个质疑给出了解释：患者去心理治疗师那里寻求治疗是由于此时的患者尚不清楚自己问题的根源所在，治疗师对于患者也不了解，因此通过治疗行为，治疗师会通过对患者的接触和了解来给予适当的建议，帮助患者良好地解决自身的问题。

（四）强调个体的成长过程

在人本主义流派的理论观点下，对个体的需求进行即时性的满足不应该是生活的真正意义。人本主义认为当个体眼前需求得到满足后，他们的需求会被进一步激发而产生新的欲望。按照马斯洛的理论，个体成长发展的内在力量是动机。而动机是由多种不同性质的需要所组成，各种需要之间有先后顺序与高低层次之分；每一层次的需要与满足，将决定个体人格发展的境界或程度。他提出了一种强调人性积极向上的动机理论，即基本需要的层次发展学说。按金字塔形式排列需要，可以分为由低到高排列的五个不同层次，它们依次为：生理需要、安全需要、归属与爱的需要、尊重的需要和自我实现的需要(后来在尊重的需要和自我实现之间加了审美需要和认知需要。需要的特点：通常先要满足低级需要，然后才谈到高级需要，需要层次越低，力量越强，较高层的需要会较晚出现，高层次需要的满足有更多的前提条件。马斯洛认为，一个国家多数人的需要层次结构，是同这个国家的经济发展水平、科技发展水平、文化和人民受教育的程度直接相关的。在不发达国家，生理需要和安全需要占主导的人数比例较大，而高级需要占主导的人数比例较小；在发达国家，则刚好相反。但是马斯洛并不肯定有些人过分沉溺于生理需要的满足，如吃得过饱、饮酒过度、性行为泛滥，他认为这是一种作乐，而不是维护生命，所以不是一种理想生活状态。

马斯洛将人的这种行为称为自我实现，当人们达到自己之前所期望的状态的时候就是我们达到了自我实现。这种行为过程也是个体的特征之一，在没有相关障碍性要素对我们的行为构成客观影响的情况下，这种自我实现的状态将持续存在。如果人格中主观上形成了一些障碍问题，则我们可以通过寻求心理治疗师的建议来解决，这也被人本主义视为个体的成长过程。

三、人本主义学说的应用

在人本主义流派中，马斯洛和罗杰斯有着巨大的理论贡献，并极大地推动了人本主义学说的发展。其中罗杰斯的人格理论对于人本主义的心理治疗模式探索与实践提出了重要的问题，他创立了“以人为中心心理治疗”方法，极大地扩展了心理咨询与治疗的各个方面。一个心理治疗师如果无法像患者一样了解自身的问题，那么对患者的治疗负责的应该是患者而非治疗师，这就产生了心理治疗师有何作用的问题。

对此罗杰斯认为，心理治疗师的角色意义是为患者营造一种良好的环境，而非刻意地对来访者进行改变，这种治疗方式被称为以人为中心的治疗。以罗杰斯为代表的人本主义流派重视人自身的作用，认为人能够通过良好的自我认知来实现自我改善的作用，经过罗杰斯式的心理治疗之后，患者通过积极主动地发挥自己的作用实现自己心理的健康化发展。

关于罗杰斯式治疗的实践，首先要求心理治疗师要与患者之间形成一个良好的沟通机制，并得以确立一个较为完善的关系环境。当中需要治疗师以一种坦率的态度来面对患者，将心理治疗的权利和任务给予患者本身，而非心理治疗师扮演。罗杰斯认为，人格障碍患者一般存在较为敏感的人格特征，因此他们会非常注重治疗师的态度是否坦诚。除了对心理治疗师的要求，罗杰斯式治疗对患者也有着很高的要求，一方面要求患者能够自主地表达自己的全部思想内容，另一方面还要直接面对那些被否认的经历。

人本主义理论家认为，每个人都有自我实现的动力，当这种动力受到外界环境的限制而无法实现时，就会出现心理障碍。

一般情况下，在心理治疗师所营造的良好氛围中，患者都能够发现自己人格中的一些障碍元素和思维意识中的错误信息，在心理治疗师恰当的指导和帮助下，患者对自己的弱点和缺陷加以克服，从而形成了较为健康的人格。

四、人本主义流派的贡献与相关争议

20 世纪六十年代的人本主义理论热潮之后，心理学领域中各个流派都受到其深入的影响，在心理治疗领域普遍采用了以患者为中心的治疗方法。社会学者对此也表现了强烈的关注和兴趣，并将这种人本观点引入到了教育界和职场环境中，随之也引发了其他领域的相关热潮。

然而，这股思想狂潮的热度如同昙花一现，在70年代迅速减弱甚至销声匿迹。原本很多人本主义的研究者纷纷转向了其他研究领域，各地的人本主义研习班纷纷解散，各地人本主义相关书籍出版量急剧下降，一些人本主义的研究项目也宣告失败，给这场轰轰烈烈的理论运动蒙上了一层阴影。但是人本主义给社会及学界带来的影响并没有减弱，很多人本主义的观点在实践中依然在继续沿用，同时人本主义也为心理学领域的研究工作打开了一个新的视角。凡事都有对立面，像其他人格理论一样，人本主义也受到了某些批评。

（一）贡献之处

由于之前的人格理论研究者过于注重患者心理层面的问题，人本主义的理论带来了一个很好的现象，使得原本的人格研究工作的重点转移到了患者身上，患者的治疗积极性得到了提高。同时，人本主义具有一定的互动精神，使得各地纷纷成立的互动小组对于今天的团体治疗模式有着重大启发。例如，现在很多戒瘾机构及创伤恢复机构通常采取团队互助的形式，鼓励个体实现自我改进。

同时，很大程度上，人本主义的影响范畴远远超出了心理学领域，对于传播学、营销学及教育学也有着重大的影响。特别是营销学领域，广泛采用了人本主义学说中的需求层次理论，对消费者进行需求的分析来实现精准的营销规划。对于传播学领域，在信息的传播交流过程中将原本的事件导向转向以人为导向，更多地注重个体在各类传播中的作用。影响最为深远的则出现在教育学领域，在教育的实践中，人本主义学说的运用使得很多人开始着眼于以人为本的素质教育，这点在中国社会中的改变较为显著，并取得了丰硕的成果。

（二）批判之处

人本主义学说一经出现就饱受批评和质疑。其中的重要问题点在于人本主义采用意志概念对个体的行为进行阐释说明，这种概念性的假设与科学研究的学说难以匹配，也使得这种假设性的概念无法支撑实际事件。

自由意志的概念一直被各个学派的心理学研究者所推崇，但这个概念却没有任何一项研究可以论证说明。即在现有的研究条件下，通过科学的论证方法无法明确自由意志是否存在，但这也并不说明自由意志并不存在，这种概念性的人格只是无法通过科学性分析发现而已，因此很多心理学的研究都是基于自由意志存在的假设而进行的。

同时，关于人本主义理论的一项重大争议之处在于，人本主义的理论概念无法明确，同时，对于理论中的一些观念内容无法明确表达，如大部分表述都比较模糊，即在关于个体需求的判定上，什么样的是高级需求，什么样的是中级需求，这些都未能得到完全的解释，马斯洛对于自我实现虽然给予了一定的说明，但这些说明远远不能明确人本主义学说的模糊概念。在这种概念无法明确的情况下，心理学研究者很难通过研究去论证人本主义的一些理论观点。这种情况也致使人本主义的发展研究遇到瓶颈。

每个理论都有着一定的局限性，但局限性的存在并不能否定理论本身的意义，人本主义的人格理论对于心理学及社会学等多个领域的推动作用仍然值得我们学习，并使得我们可以通过不同学科知识内容的交汇，推动人本主义理论的深入发展。

第五节　认知理论与应用

我们在日常生活中经常会遇到这样的一种情况，和熟悉的人一起去参加某次聚会，在那里享受音乐、啤酒和交流。聚会结束之后，我们在与朋友讨论这场聚会体验时会发现，我们和朋友对于聚会中某个人的看法会截然不同，朋友可能认为那是一个善于交际的人，而我们会把他看作一个孤傲的独行者。同时，我们和朋友之间对于聚会的体验也不同，我们可能会觉得这场聚会播放的音乐与氛围格格不入，而朋友则会惊叹女主人是个非常有品位的人，而选择了这样一首悦耳的背景音乐。

为什么会出现这样一种情况？我们和朋友有着完全相同的聚会经历却存在着完全不同的印象和体验呢？对此，人格认知流派给予了分析和解读，由于人格认知的不同，我们和朋友的信息加工处理模式也存在一定的差异，因此我们会对聚会的细节产生截然不同的印象，这种印象就会影响到我们对于聚会的感觉及日后对于类似聚会体验的反应。

认知流派作为一个出现较晚的人格研究分支，它的关注点在于个体间人格的差异是由于不同的信息加工方式造成的。但人格的认知模型并不是新鲜事物，早在20世纪40年代就可以看到相关的论述。只是在由乔治·凯利出版

《个人建构心理学》一书后才建立起认知人格理论。但与此同时，让人啼笑皆非的是，凯利并不认为自己是一名认知心理学家，他对于学界把他的著作看作认知理论的奠基者的说法十分困惑，并特意出版了一本新书来阐述自己的立场，表明自己和认知理论无关。无论凯利对于认知理论的立场如何，他的相关理论研究已经成为人格认知流派的出发点。

一、个人建构论

乔治·凯利关于个体人格的研究始于对人类个体的行为探讨上，提出了人与科学家具有相似之处，即在个人行为中不断地提出自己关于外部世界的假设，同时也对其假设进行检验。个体出于自身的立场，会尽可能多地进行预测行为来对生活中即将发生的事情进行预测，来获取对事情的掌握从而得到安全感。为了满足个体的需求，个体会通过模板匹配来获取与外部世界较为相似的看法，并将这些相匹配的模板事件加以保留，如果这些事件不匹配，我们则会对模板进行修改来适应下次的预测行为。例如在过往的观察基础上，我们会对某个女孩做出一定的预测性假设，其中一个假设可能是这是个善于交际的人。于是无论在什么时候，在与这个女孩的交流中我们都会试图收集她更多的信息来验证我们的假设，一旦这个假设被证实，它就成了一个模板进行沿用，如果被证伪的话，我们就会放弃这个假说而设定一个新的假设，比如这个女孩是一个内向的人，这种假设行为与科学家的实验过程具有较高的相似度。

凯利将个体的这种预测与解释事件的认知结构称为个人建构，并且提出了如同世界上没有完全相同的两片叶子的相同看法，即没有任何两个人具有完全相同的个人建构模型。通过个人建构对人格差异的分析如何来进行？凯利认为个体的人格差异多来源于个人建构的方式不同。例如当我们和朋友一块看到一个女孩时，可能朋友的关注点在于这个女孩的身材和外表怎样，而我们会关注这个女孩是否有趣。虽然我们和朋友所处的情境完全相同，但我们对于情境的解释却完全不同，因此我们这种行为模式的差异也是由于我们的建构世界的方式的差异导致的。

个人建构理论在我们的日常生活中会有很多种体现，例如两个性格完全不同的夫妇为什么能够相处得很好，他们之间为什么存在那么强的依恋关系？对此，凯利的建构系统做出了这样的解释：虽然个体之间的建构系统存在差异，但个体之间的交往也是求同存异的过程，如果夫妻之间能够对彼此的建构系统有很深的了解，彼此之间形成认可和理解，两个人就会很容易相处，并不会因为建构系统的差异产生的对世界不同的理解方式而导致不断的矛盾和冲突。

有人可能会认为两个具有相似建构系统的人能够建立一个和谐的关系，但是这种相似的建构系统对于融洽关系的建立并不会起到太大作用。两个人的相处依然会依靠对彼此行为的预测和理解来建立良好的信任关系，例如夫妻之间相处，就要相互理解彼此解释世界的方式，也要弄明白彼此的行为模式和思维方式，这样才会建立起彼此间较为融洽的关系。这种关系在心理治疗过程中也会有体现，心理治疗师在与来访者互动过程中，倾向于首先了解患者的建构系统，对此了解了之后才能对患者的人格情况形成良好的认知，并能够更好地帮助患者摆脱困境。

在人格障碍患者的病例研究中，凯利认为绝大多数心理疾病源于个体的焦虑，由于个体的建构系统无法对未来的情况形成良好的预知和判断，便会产生焦虑和恐惧。这种情况来源于原始人类时期我们对黑暗的恐惧，由于黑暗中缺少光源，无法判别所处环境及时间，并且无法识别黑暗中的动物是野猫还是老虎，因此会处于焦虑和恐惧状态。除了这种无法预测的外在环境，个人建构系统也会出现一些障碍导致无法进行预测行为，由于个体建构系统的固有缺陷，我们需要对自身的建构系统进行不断的更新和重建，以适应更新的环境和变化，但一些非健康的人格的人无法进行完整的人格建构，因此他们的预测行为与实际情况会产生较大的偏差，进而产生出新的焦虑并对自身的思维和行为产生困惑，在这种焦虑使得自己的思维中产生一定的障碍，致使预测能力减弱，甚至对自身的预测能力产生怀疑。

对于个人建构系统的失效问题，认知学派的研究者给予了如下解释：建构系统会因为个体的主观经验而难以进行完整的建构，使得对事物的预测过程出现矛盾与冲突。我们每个人在日常生活中都会出现这种问题，一旦我们离开原有的生活环境到了一个新的环境中重新开展工作和生活，就会遇到种种困难，这是因为我们人格中原有的建构系统与新的环境不相匹配，于是我们会通过与陌生人的接触，增加对新情况的了解来进行重新建构，获得对新环境的良好认知，这也是正常人格的重要表现之一，而非正常人格则难以进行适应性的建构调整，从而导致接连不断的冲突。

与其他人格研究流派相同，认知流派也不乏对心理治疗过程的重视，并且凯利作为临床心理治疗师，他将自己很多的认知研究成果在心理治疗中加以运用。凯利将人格障碍患者的病因归结于患者过去的创伤经验多造成的建构系统出现缺陷，致使在后续的预测行为中建构系统难以发挥作用，使得患者处于一种持续的焦虑状态中。对此凯利通过对患者的建构系统进行分析，对其人格障碍行为进行解释，来制定复杂的、不同的诊断方案。

二、人格的认知因素

认知流派的出现，使得原有的心理学概念受到一定程度的颠覆，由于认知理论认为所有的人类行为与思考方式都可以用认知因素解释，因此心理学领域受到了这种新浪潮的冲击。同时也引起了更多心理学家的兴趣，对认知因素进行分析和研究。

在认知理论中，研究者认为个体人格结构是由认知元素与情境的交互关系组成的，并且由于这种交互活动促使人类产生一定的行为方式。认知研究者认为人类的行为是由情境引发的，但他们的研究重点在于情境与人类行为之间的影响要素，通过对这方面的深入研究来论证个体的行为对情境的影响作用。

这种相互间的不同结构作为一种假设性的认知结构被称为图式，由于外在环境的复杂性，个体需要运用所有感官系统对外部情境的信息加以处理和分析，并应对不同的刺激来给予多种不同的反应。婴儿由于认知结构尚未成熟，在面对大量外界刺激时无法选择注意哪些信息或忽略哪些信息，因此婴儿在面对外部环境时多会产生恐惧并以饥饿的啼哭来获取母亲的关注。而成年人早已形成了完整的图式用于在环境中对重要事务及次要事务进行判断和取舍。

图式的作用不仅限于为我们感觉并知晓外部环境的信息与特征，还是我们处理加工信息的复杂的认知结构。例如我们在与一些女性的交往中获取了关于她们良好的特征描述，在参加一个新的聚会时，面对一些陌生女性我们会自动地将原有对其他女性的特征描述套用在这些女性身上，以此来获得“熟悉”的判断，帮助我们开展良好的社交行为。图式的这种认知结构和行为模式有效地帮助了我们在陌生环境中的认知过程和行为互动。

三、认知理论中的心理治疗应用

随着认知流派的发展壮大，不同人格研究流派对于认知结构的重视度也不断提高，在心理治疗领域以认知角度的分析和探讨也逐渐增多。越来越多的治疗师将认知疗法作为一种新的心理治疗方式与传统的精神分析疗法进行区分，并且与传统的行为疗法进行结合，虽然这些心理治疗师并没有明确表态自己是认知治疗师还是行为治疗师，但是他们都一致认同由于个体中的思维障碍致使个体处于一种持续性的焦虑环境中。因此认知心理治疗会关注来访者的认知结构，帮助患者认识到自己认知结构中的不合理因素，并加以调整和转变，来为患者重塑新的认知结构，这时心理治疗师扮演的角色和行为流派的意见是一致的，治疗师以一种积极的指导帮助患者发挥自身的能动性，实现自身的健康化发展。

除了对心理疾病的治疗，认知流派的心理治疗师还会为患者以后的问题处理方式给予指导性意见，帮助患者对自己的思维方式和认知结构进行调整，以后面对重复出现的问题时，避免处于无法克服的焦虑状态。认知理论认为患者在日后的问题中最关键的是自我挫败思维，即对未来采取悲观者的态度使得自身意志处于失败的焦虑之中。认知流派强调在心理治疗中要给患者传递恰当的想法来替代其认知结构中的自我挫败元素，虽然患者可能并没有完全做好迎接困境的准备，但他也应该有一个良好的态度来面对这些困境，而不至于困于失败感中无法走出。这对于心理治疗师而言，就是帮助患者将一个更为恰当的想法像替换发动机零部件一样替换掉患者思维中的一些不合理因素。

在认知学派的治疗方法中出现了另外一个方向，就是阿尔伯特·艾利斯所创建的理性情绪疗法。艾利斯认为人的情绪来自人对所遭遇的事情的信念、评价、解释(A:诱发事件,B:信念、想法,C:情绪和行为)，而非来自事情本身。艾利斯将人的焦虑状态归因于认知结构中的非理性想法与不正确的推理方式。例如女朋友打电话说要分手，这作为诱发事件会让你产生一些判断，她是否劈腿了，还是她厌倦了自己等，这些就是情绪结果，在这种情绪结果下我们会觉得愤怒、焦虑等，为何我们会有这种感受呢，这就是我们的认知结构中非理性观念的加入，导致我们在对分手行为的判断中产生了很多不合理的想法，致使我们处于焦虑的行为状态，这种情况也使得很多人在分手的时候往往做出很多不理智的行为从而激发出更多的事件。举笔者的例子来说，笔者曾经非常不自信，极端自卑。非常不自信，极端自卑这就是C。是什么导致的呢？通过认真地分析和思考，小学二年级的时候我在学校的演讲比赛中，表现不佳，受到他人的嘲笑。这是A。由A刺激引起通过B转化为C。在受到他人嘲笑后，我感到非常丢脸、难过。因为这件事我对自己的价值产生了怀疑，认为自己一无是处，自暴自弃，不敢再表现自己。这种极端思维就是B。理清了A、B、C，接下来就是修通阶段。在思想上进行自我辩论，认识到不应该将一次表现不好的负面影响扩大化,这种思维是错误的。摒弃了极端思维B,同时,挖掘自身的其他优点,对自我进行再认识。笔者渐渐走出了A事件的阴影,不再自卑,成为现在乐观自信的自己。

同时,艾利斯还认为每个个体的认知结构中都隐藏了很多的非理性观念,并且受到这些非理性因素的巨大影响,导致个体在日常生活中难以避免地会处于焦虑状态,而这种焦虑状态对于那些人格障碍患者显得更为突出,非理性的生活态度导致心理失调。通过理性情绪疗法,心理治疗师首先帮助患者寻找认知结构中的非理性观念,并逐步让患者建立良好的推理过程,同时要让患者认识到自己所处的困境是由于认知结构中错误的推理过程导致的,进而为自己树立信心,避免受到挫败感的伤害。事实证明,理性情绪疗法在心理治疗中的运用收到了良好的成效,帮助越来越多的患者走出了困境,使得自身能够向着更好的方向发展,这种情况也助推了学界加强认知理论的研究,并推进了认知理论的进一步广泛应用。

四、认知理论的贡献与争议

(一)贡献之处

认知流派对于推动心理治疗领域的发展起到了巨大的作用,并且认知理论适应了当前社会发展的趋势与社会的普遍价值观。认知流派的很多理论和概念都是由实际案例不断总结而成,理论中所提出的很多的认知结构都被实验所证实,因此认知理论具有很强的可信性。随着认知理论的广泛应用,认知理论中的模型概念也得以不断地丰富和完善。

同时,认知流派在其他领域中也起了关键性的作用,特别在心理治疗领域,不同流派的心理治疗师纷纷采用了认知疗法以促进患者的人格康复和治疗工作,并且理性情绪疗法在实际运用中取得的重大成果,也广受好评和认可。

(二)争议之处

在实证研究学派看来,认知流派最大的问题就在于其理论概念的过于抽象化表达,即个人建构到底是怎样的概念,图式到底如何使用的,图式的类型有多少,这些概念相互间存在怎样的交互关系,这些都未能有一个清楚的表达和认知。而且关于认知结构与个体行为间的关系和影响作用的表述非常模糊,很难运用其概念对个体的行为差异进行解释。

其他的人格研究流派均可以采用少数的集中建构模型对患者的人格结构类型进行分析，并且可以直观性地比较出不同个体的行为差异。而按照认知理论中相关分析工具，图式很难表现出不同人格的差异，并且在实际运用中较为复杂，无法直观性地对不同人格案例进行比较分析，使得认知理论在研究中的运用存在较大困难。

认知流派在理论中还存在一个重大的缺陷，就是没有建立独立的模型结构来统筹和指导认知理论的研究工作，很多认知流派的研究工作都是采用了多种理论模型进行分析和信息加工的，从而使得认知结构深层次的结构问题并未得到解决和解答。认知流派产生至今，其相关概念的术语含义仍未得到解释，使得这个理论备受质疑。

第三章　人格障碍问题

第一节　人格障碍概述

《精神疾病诊断和统计手册》对人格障碍进行了概念界定,即人格障碍是由于不适应的态度和行为而导致的不正常表现,具有长期性和顽固性。人格障碍并非突然形成,一般有较长时间的潜伏期,在诱发事件爆发后开始外显。通常情况下,人格障碍在青春期甚至童年时期开始萌芽,并蔓延至成年时期。在青少年时期,人格障碍者的外显行为主要是道德品质问题,如自私自利、缺乏责任心等。人格障碍者在思维能力和认知能力层面与正常人有异,也存在妄想症、分裂症等精神病特征,其人格与正常人相比存在缺陷,且常常伴随人的很长一段时期,甚至是一生。

一、人格障碍概述

人格障碍作为一种持久性的人格模式,在很大程度上背离了其人格主体所属社会文化带来的道德期望与社会主流要求。同时,人格障碍患者在进行人际交往时面临较大困难,难以顺利处理与他人的关系或者建立良好联系,而社会责任感的缺乏也会使其偏向独处,抵触社交,可以说人格障碍是一种人格在发展和结构上明显偏离正常,以致不能适应正常的社会生活的心理行为表现。

冈德森对人格障碍患者的人数进行了研究,发现人格障碍患者占所有人群的15%左右,在临床患者中,有30%～50%的患者为人格障碍患者,其中,偏执型人格障碍和分裂型人格障碍是人格障碍患者中的最常见类型。人格障碍患者在具体的病型中有性别上的差异,主要表现在:在人格障碍患者中,男性患者主要是反社会型人格障碍、自恋型人格障碍、精神分裂型人格障碍、强迫型人格障碍，女性患者主要是表演型人格障碍、边缘型人格障碍、偏执型人格障碍。这些类型的人格障碍虽有性别差异，但并非绝对，只是相对男女患者的数量而言。其中，心理学家研究发现，精神分裂型人格障碍具有终身性，男性患精神分裂型人格障碍的人数多于女性，其中女性的患病年龄主要是在三十岁至四十岁之间；反社会型人格障碍在男性和女性中的比例分别是3%和1%，且临床研究证实，该人格障碍的症状会随着年龄的增加而好转；患有自恋型人格障碍的人数比例相比其他人格障碍较少，不到总人群的1%，这些患者中男性所占比例过半。

毋庸置疑，人格障碍患者在社会交往中会面临较多障碍，难以维持良好的人际关系，其中以表演型人格障碍、偏执型人格障碍、反社会型人格障碍、自恋型人格障碍对人际交往的损害最为明显。主要原因在于人格障碍患者的自我意识强于正常人，因此其会更在意自身利益而忽视他人利益，甚至冒犯他人边界，引起他人反感甚至攻击。在面对外界伤害或者是幻想中甚至是误解中的外界伤害时，人格障碍患者保护自己的措施常常不够成熟，甚至偏离了正确的轨道，如患上抑郁症、生活在幻想之中、产生情感障碍等。这些反常性反应不仅导致人格障碍患者越发痛苦、焦虑，也会给其周围其他人带来压力甚至危害，导致双方关系的进一步恶化。

二、人格障碍特征

人格障碍的特征主要体现在以下几个方面：

第一，人格障碍具有长期性和顽固性。大多数人格障碍都是在童年时期或者青春期萌芽，之后长期存在，甚至伴随患者一生。这也体现了人格障碍的顽固性和稳定性，其一旦形成，则很难纠正或者恢复为健康人格。从某种程度上来说，人格障碍具有严重性，并非所有异于常人的思维、情绪或者思想、行为都是人格障碍的表现，一些异常行为只是行为主体某个人生阶段的暂时表现，具有可恢复性和暂时性。如中国家长在孩子教育问题中面临的青春期叛逆问题，处于叛逆期的孩子常常会有过度焦虑、对生活或考试充满抗拒与敌意、故意与家长作对等行为，这些行为并非意味着孩子产生了人格障碍问题，而是其成长过程中对生活、对压力的不适应，具有可调节性。因此，人格障碍的稳定性意味着它难以被改变，通常不会在某个年龄段突然出现而在其他年龄段又突然消失。

第二,人格障碍具有社会性。人是社会的动物,具有社会性,而人格障碍是人所特有的病症,主要病症表现即是患者在与他人交往时所呈现出来的行为,因此不可避免具有社会性。人格这一模式主要由两个因素组成:思维和行为,二者相互影响,而思维和行为主要是通过学习以及外部刺激产生的。这一特点决定了人格只能存在于具备复杂认知和学习能力的人类身上,诸如老鼠之类的生物难以获得人格特质。而在通过学习形成思维和行为模式的过程中,学习主体无法避免与他人的接触和交往,因此无论是正常人格还是人格障碍,都是在社会交往中形成的。远离人类社会独自生活在孤岛之上的人很难有人格障碍的行为呈现。

第三,人格障碍将其特征极端化、放大化。正常人并非心理完全健康,而是或多或少都会存在一些问题,诸如各种类型的人格障碍的特征,都会或多或少体现在正常人身上,只不过引起程度较浅,因此不会形成真正的人格障碍。当这些不受欢迎的特质诸如内心封闭、自私、冷漠、自恋等到达顶点时,拥有这一特质的主体也就成为真正的人格障碍患者。如何界定人格障碍的特质到达了顶点,或者说如何确定正常人格与异常人格之间的分界点,学界尚且没有一个统一的界定。人格的正常和异常之间是连续的,是病征积累到一定程度后自然爆发的。

第四,人格障碍具有自我协调性。大部分人格障碍患者并不能清晰地认识到自己在"生病",其自身自有一套生存的人生观、价值观和世界观,在他人看来离经叛道或者违背道德损害社会的事情,在人格障碍患者看来是十分正常且正确的。如表演型人格障碍、自恋型人格障碍会使其患者在与他人相处的过程中给他人带来压力和困扰,而这一相处过程的不和谐在人格障碍患者看来是由他人造成的。在一些情况下,人格障碍患者也会希望获取良好的人际关系,也会对其人际交往的现状不够满意,但由于人格障碍患者的冷漠本质,使其难以采取行为改变社会交往有困难的现状。

当前关于人格障碍的病因研究主要包括四个方面:一是遗传说,即认为人格的形成离不开遗传的影响;二是体型说,即体型与气质之间关系的研究,但该研究主要来自于主观感受,缺乏有力的实验支撑,因此可信度不高;三是精神生物学层面的研究,该研究以客观诊断和定期检查为依据,针对人格障碍患者的认知、情感、冲动控制和焦虑调节展开研究;四是心理社会因素,主要是研究家庭教育在多大程度上会影响人格障碍的形成,但仍没有得出人格障碍这一模型的本质结论。由此可知，当前尚没有关于人格障碍病因的决定性结论。人格障碍的上述特征也决定了人格障碍的治疗难度。因此，人格障碍要想取得良好的治疗效果，需要心理医生和患者双方的积极配合。而大部分人格障碍患者对于治疗往往是抵触和抗拒的。

第二节　不良人格的形成

在客观世界中，所有的事物都具有两面性特征，人格也是如此。根据人格的社会性普遍价值观点，人格分为健康人格与不良人格两种类型。健康人格即本书中所涉及的社会大多数人所共有的人格特点并且能够被社会大众所接受，对社会不会造成危害的人格类型。不良人格也被称作障碍性人格，即人格障碍。

由于人格是先天因素与后天成长环境综合作用的结果，人格萌芽于婴幼儿时期，成长于青少年，早期的成长过程对于人格的塑造起了重要的重要，而青少年时期的成长环境对于人格的社会化部分的形成起到了关键性作用。精神分析学者在同意童年期经历对个人人格形成的影响的前提下，也主张青少年期，甚至成年期的经历对人格形成的影响。人本主义流派的学者并不强调童年期经历的决定作用，而把决定人格的主动权交给自由意志本身，他们相信人天生有一种向善的动力，只要外界环境许可，每个人都可以成为自我实现的人。行为主义者主张人格是由条件反射的不断产生来最终稳定的，华生说“人格就是我们的习惯系统的最终产物”。

人格障碍也并非是不常见的病例，经统计，社区普通人群中的人格障碍患病率高达5%～10%，只是由于国内心理学知识尚未完全普及，社会公众未形成对人格障碍等的良好认知，使得对人格障碍的患病情况了解不清，认识不足。

关于人格障碍的形成因素，也可以根据人格的形成特点进行分析，即从先天性的生理学角度及后天性的家庭环境因素共同来研究。根据当前学界的研究，暂未发现生理性因素与人格障碍特质的关联性特征，因此国内外关于人格障碍的成因的研究方向更多的还是从个体的经历与成长的环境入手。

一、成长经历与人格障碍

根据现有的研究成果可知，大量的人格障碍患者在其成长早期都会有一些不那么愉快的经历，而且较大比例的患者童年时期饱受虐待，而这种成长的早期阶段的虐待因素，特别是性虐待会对个体造成巨大的心理创伤，会直接毁灭掉个体婴幼儿时期所建立的人格体系，其心理建构崩塌后难以健康地重建，致使人格一定程度上存在一些缺陷，而这些缺陷在无法得到及时矫正的情况下极易形成人格障碍，并随着时间的发展变得更加难以治愈，甚至会激发患者的反社会性人格特征。

在个体的婴幼儿时期，父母扮演着重要的教育和养育的角色，父母的管教方式对于个体的人格形成有着重大的影响，在过度保护、过度溺爱的家庭环境下，个体的人格特征比较脆弱，并且缺乏社会感，对于社会价值与责任的认知存在模糊，使得个体在社会交往中人格产生阻碍。在家庭环境中，母亲对于孩子人格的形成所起到的作用远高于父亲的角色，母亲对于孩子的纵容极易引发孩子的反社会性人格特征。而在一些单身母亲家庭中，一些母亲会将对生活的不满情绪发泄到孩子身上，致使孩子成长在一个充满仇恨和怨气的环境中，使得个体对于周边环境的认知产生偏差，这种偏差会映射到其成长后对于外界的看法，并会随着其成长过程遇到的一些矛盾进一步被激发，产生出更糟糕的影响。

学界认为，在早期的成长环境中，母亲这一角色通过与个体建立起依恋关系，对个体的人格造成影响，健康的依恋关系会使得个体处于受母爱关怀和保护的环境下逐渐成长，使得健康的人格得以发展和养成，而混乱的依恋关系则会摧毁个体的人格建构，并形成复杂的情绪症状隐藏在人格的深层，导致后期出现严重的人格障碍问题。母亲的角色在孩子认知中产生了扭曲，由于人格中本我的自我欺骗性特征，孩子会在意识中构建另一个好母亲的形象，同时也会将现在的母亲进行恶魔化，这种割裂式的人格认知机制是个体自我保护机制的一种呈现，但由于人格的矛盾化使得自我行为控制难以发挥作用，进而产生了严重的精神障碍。

二、个体的不良认知与人格障碍

虽然学界一致认为个体婴幼儿时期的成长环境，特别是父母的管教方式，对于人格障碍的产生有着很大的影响,但这些在个体成长早期对健康人格构成威胁的危险性因素并不对人格障碍起到决定性作用。因为个体具有自身的判断力和价值观,在人格受创的情况下会自动地进行人格修复以满足自身的人格需求。于是有些学者开始研究探讨个体人格的主观性因素与不良人格形成的关系。

其中以贝克为代表的研究者提出了人格障碍认知模型,在此模型中,每个人格障碍患者都具有一些功能失调,这种功能失调是人格障碍的特征之一,也是人格障碍得以存在和持续的根源。在此模型提出之后,很多学者开始对认知模型进行了研究分析,最终发现,不同的人格障碍类型具有不同的特异性信念功能失调特征。而这种特异性信念功能失调则直接导致了个体的不良认知,这种不良认知反映到人格层面使得个体人格产生异常,即表现出人格障碍特征。

国外有些学者长期跟踪数对双胞胎,发现这些双胞胎在相同的环境下成长,基于相似的遗传因子,其人格的相似度并没有较强的相关性。对此学界普遍认为,即便是在同等的环境下,不同个体的信息处理方式不同,对于信息的理解和认知会存在细微的偏差,这些细微的偏差逐渐累积到人格中会形成巨大的人格差异,并且在遇到矛盾激化的一些节点时,较为敏感的个体人格会瞬间激发,形成一定的功能性偏差,进而演变成人格障碍。

三、遗传因素与人格障碍

由于医学手段的进步,越来越多的临床观察表明,个体的人格特征一定程度上也受到了遗传因素的影响,个体的先天性遗传与后天习得通过有机的结合构成完整的人格模式。根据意大利心理学家 Rombroso 的调查结果发现,很多人格障碍患者的亲属中都患有相似的人格障碍病例,并且在家族中的人格障碍患病率要高于正常因素。通过此数据可知,在人格障碍形成的研究中不能忽视生理学因素的影响。

在生理学领域对人格障碍病例的分析研究发现,部分人格障碍病例的患病原因是神经系统的紊乱所导致的,即一些患有神经症状的患者也会产生一定的人格障碍。结合心理学中的相关研究工作,研究者进而得出如下结论:由于患者的神经症状使得个体无法产生对内外环境清晰完整的认知,致使其人格识别系统所接收的信息无法通过原有的系统进行处理,识别系统为适应新的信息内容特征也做出了相应的调整,这种调整对于正常人格来说是种异常的纠正行为,致使个体出现人格障碍。

四、青少年人格障碍的成因

青少年作为社会发展的重要力量,对社会具有未来性的影响作用。随着国内社会经济发展提高到了一个新的层次,国内外文化的交流日益频繁,与此同时,新老观念的交织与中西文化的碰撞所带来的多元化文化特征给我国的青少年带来了重大的影响。

国内在对青少年的教育中特别强调素质教育的作用,即德智体美劳全面发展,并在社会主义核心价值体系下培养出青少年良好的科学文化素养和思想道德修养。但在当前复杂的社会环境下,达到此种目标的青少年并不多,并且当前社会发展极度不平衡的状况给成长时期的青少年人格带来了重大的影响,使得国内青少年群体中不良人格患病率高于其他年龄段的人群,日益引发社会关注。

对于当代青少年人格中的缺点及形成原因主要有三个层面的影响作用:首先是家庭的影响,其次是社会的不良导向,再次是学校教育的缺失。

(一)家庭的不良影响

随着社会经济水平的提高,很多家庭逐步迈进了小康,走向了富裕。良好的家庭条件使得孩子从小在一个受溺爱、保护的环境下成长,使他们缺乏受苦的体验,并且缺乏奋斗的欲望,使得青少年产生出“啃老”的不良思想,这点在日韩社会较为普遍,同时在我国的台湾地区也有很多案例。这种情况对青少年的人格构建有着较强的不良影响效果,使得其人格中缺乏责任心和上进心,未形成良好的价值认知,使得其人格发展有悖于社会普遍的价值认知。

同时对于20世纪八九十年代出生的人来说,我国的计划生育政策所造就的独生子女家庭较多,对这群人也有着重大的影响。在独生子女家庭里,由一代人甚至两代人共同呵护一个孩子的成长,使得孩子自小形成以自我为中心的意识,这些孩子中一部分会认为自己在众人中应处于核心位置,这种错误的认知很大程度上会影响他们在社会群体中立足。社会集体给这些独生子女带来的感知差异一定程度上使得其人格基础受创,给这些孩子的成长带来了巨大压力。家庭在孩子成长中扮演了关键角色,这就决定了在个体的成长阶段家长必须发挥其应有的作用和责任。

（二）社会媒体的错误导向

随着互联网技术的快速进步，移动互联网充斥着人们的日常生活，人们获取信息的方式变得极其便捷。由此带来的信息泛滥使得青少年的日常生活中充斥着各种形形色色的信息，并且由于青少年的三观尚未形成，缺乏良好的辨识力，对其成长有时产生不良的影响。

同时科技技术的进步，社会信息的娱乐化使得青少年沉浸在综艺娱乐、网络游戏等内容中，无形中削弱了其交际能力与社会适应性。这些看似推动社会进步的技术使得青少年处于一个信息"孤岛"上，在这个岛上，他们看似应有尽有，其实一无所有。同时，社会媒体的娱乐化导向也给青少年的成长带来了扭曲的认知，很多娱乐节目一夜捧红一个明星，这种网红效应诱使很多青少年产生不切实际的幻想，试图通过引起社会关注来成为新的网红，正是由于这些不恰当的模仿方式，使得这些青少年误入歧途，甚至走向了违法犯罪的道路。

社会主义市场经济条件下，社会媒体需摒弃功利性，保持一定的社会性特征，应充分发挥其社会导向作用，树立良好的社会价值观，引导青少年向正确的方向发展，避免由于导向的偏差发生危害青少年人格形成的事件。

（三）学校教育的缺失

自从人类文明产生以来，社会教育都是人类文明传承发展的重要手段。在中国社会，传统的教育理念十分注重对中华传统美德、集体意识的培养，由于儒学的教育思想影响较深，国内相对忽视了对个体独立精神和个人意识的培养和指导。学校的教育工作在人格培养和塑造方面存在缺陷。

首先，当前国内学校的课程设置中忽视了人格培养课程，虽然很多学校都开设了思想品德课，但内容上主要偏向于社会道德与公共美德，缺乏个体健康人格的塑造，在教育方式上，这些课程普遍不受重视，只是由一些其他专业课程的老师代讲，不仅极大地影响了这些课程的实际效果，也无法发挥这些课程的意义和目的。这显现了当前学校教育中对德育与智育的混淆。

同时，也由于国内传统的教育观念影响，存在尊师重教的现象，一些教师也会为强化自身的权威不注重学生的个人看法，在日常教学中会将自身的价值观和看法强加给学生。由于学校的教育是青少年成长阶段中所处的重要的教育环境，这些教师的言行举止势必对学生的人格结构产生决定性的影响。并且，虽然国内教育已发展到素质教育阶段，但传统的应试教育思维根深蒂固，当前的中高考制度就是应试教育的一种体现，这种教育阻碍了成长阶段学生个性的发展，使得诸多学生千人一面，在一定程度上扼杀了人格中的创造性特质，对部分人和人格的健康发展产生一定不良影响。

第三节　人格障碍的类型

一、强迫型人格障碍

（一）强迫型人格障碍的表现

医学生理学对于强迫型人格障碍进行了划分，即强迫思维、强迫行为和强迫情绪等。强迫情绪又被称为恐怖病，患者会表现出对特定的人物或情境表现出无法控制的紧张、恐惧等情绪。其中有一些患者表现出了对书本的恐惧，在看到实体书或任何关于书的照片或描述时都会产生极大的恐惧表现，通过心理治疗师的深入了解发现，这是与患者早期生活中对于其学生经历体验的一种异化表现。在其学生生涯中，基于学校的教学压力，患者的压力无法得到排解和释放，这种压力逐步在人格深层次意识中扎根，并随着其漫长的压力体验而进一步异化，在其焦虑性的环境下产生一种恐惧心理。这种恐惧心理虽然给患者造成了巨大的困扰，但一定程度上这也是患者人格中本我的自我保护机制的体现，通过恐惧的表现形成部分压力的释放，解除了个体的焦虑状态。

在人格研究者对强迫型人格障碍病例的研究中发现，这种人格障碍类型的病例多集中于成年男性中，整体男女比例高达 2∶1。强迫型人格障碍的患者具有强烈的自控心理，并表现出过分克制的特征，通常会显得较为死板，部分也会表现出缺乏安全感。这些特点使得他们通常会处于一种不断的紧张和焦虑状态中，他们时时刻刻担心自己的行为出现差错，过分注重生活中所表现的完美特征，使得他们自身处于不断的压力状态下，难以达到轻松的状态。

（二）强迫型人格障碍的成因

强迫型人格障碍的形成一般在幼年时期，与家庭教育和生活经历直接有关。父母管教过分严厉、苛刻，要求子女严格遵守规范，决不准自行其是，造成孩子做事过分拘谨和小心翼翼，生怕做错事而遭到父母的惩罚，做任何事都思虑甚多、优柔寡断，并慢慢形成经常性紧张、焦虑的情绪反应。

强迫型人格障碍的形成与年龄原因关联度不大，但较多地产生在个体的幼年时期。由于幼年时期个体心理认知尚不成熟，受家庭环境影响较大，一些父母出于望子成龙的目的，或者基于对孩子的关怀爱护，往往会对孩子采取严厉的管教措施，并且设定种种规范让子女遵守，子女稍微逾矩便施以严厉的惩罚。在这种环境下，孩子出于怕受处罚的心理做事小心翼翼，并过分拘谨、优柔寡断，甚至在一些日常的小事情上仍显得思虑过重。长时期后，容易形成经常性紧张，使得个体处于持续性的焦虑状态，并反映在其人格结构中呈现出了强迫型的特点。

除了家庭环境的影响，周边人的一些行为也会对孩子造成影响。在个体的早期成长阶段，孩子会进行模仿性学习，这种模仿不加判别，于是身边一些人的洁癖或者酗酒等都容易使个体产生某种强迫型习惯。同时，在一些医生家庭中，由于医生的职业习惯会过于注重个人卫生及家人卫生。于是他们的孩子极易产生洁癖，会不自觉地产生强迫型洗手，或对周边的环境干净与否产生敏感性的反射动作。而在一些音乐世家中，由于这些家庭对声学环境较为注重，因此家里始终处于一种安静的状态，他们的孩子会偶发性地出现对噪声的敏感性行为，有些孩子面对突然的噪声会产生巨大的排斥，使得自身处于失控的边缘。

虽然强迫型人格障碍的形成多是后天的外在因素所导致的，但其也具有先天性的遗传原因。经过对强迫型人格障碍患病人群的分析发现，家族内有人患有强迫型人格障碍的，其他亲属的强迫型人格障碍患病率都普遍较高。生理学专家通过对人体体液的分析发现，由于强迫型人格障碍患者处于长久的精神压力中，其持续性的焦虑会使得他们身体中某些激素水平产生异常，并且直接地影响到生殖系统，间接地通过遗传因素发挥着强迫型作用。有研究还表明，强迫型人格与遗传有关系，家庭成员中有患强迫型人格障碍的，其亲属患强迫型人格障碍的概率比普通正常家庭要高。

（三）强迫型人格障碍的治疗

虽然强迫型人格障碍不具有社会危害性，但其对于患者而言会造成巨大的痛苦，心理治疗师在对强迫型人格障碍的治疗方面也做了多种探索，目前实际的治疗主要采取了两种方法：一种是顺其自然地弱化消除，另一种是重点强制性地扭转原有认知习惯。

1. 顺其自然地弱化消除

由于强迫型人格障碍的重要特征之一就是过分压抑和控制自我的情绪,因此一些治疗手段主要是采取对患者的焦虑环境进行改变或对其压力进行排解。在环境的营造方面,心理治疗师首先会为患者提供一个舒适的环境,并以此为基础为患者进行压力的排解,循序渐进地改变患者的原有认知,让患者不再去在意周边的评价,对任何事情和行为采取放任的态度,使得自身处于一种放松状态。这种治疗方式在前期很难显露成效,并且患者因其敏感性会产生巨大的排斥心理和对抗性,对此多数心理治疗师都是采用随着时间的推移让患者慢慢建立自身的自我控制系统,而有些心理治疗师比较激进,采用了药物疗法,尽可能消除患者的感观刺激,让患者处于一种朦胧的状态,通过这种朦胧状态的行为使得患者渐进地养成一定的行为习惯,逐步消除原有的敏感症状。

2. 强制性地扭转原有认知习惯

在强迫型人格障碍患者的认知中,其行为是具有一定的规范和约束的,这种无形的牢笼极大地束缚了个体行为,并扭曲了个体的独立意识。对此一些更为激进的心理治疗师倾向于采取逆反性手段,首先通过一定的行为颠覆患者的原有认知,再对患者产生巨大的心理冲击情况下对患者进行正常人格认知习惯的灌输,以此来达到治疗的目的。

当然,除了外部的颠覆手段,患者如果意识到自己的强迫型人格障碍特征后,也可以充分发挥自身的能动性,自己引发一些颠覆性行为,如一些对书本具有恐惧性的人格病例可以强迫自己到图书馆,沉浸在书海中,打乱自己的思维系统,暂时性地放下原有不良认知,借机建立新的认知模型,实现自我治愈。

(四) 强迫型人格测试

(1) 常有不安全感,穷思竭虑,反复考虑计划是否妥当,反复核对检查,惟恐疏漏。

(2) 完成一件工作之后常缺乏愉快和满足的体验,反而容易悔恨和内疚。

(3) 犹豫不决,常推迟或避免做出决定。

(4) 做任何事情都要求完美无缺、按部就班、有条不紊,因而有时反而会影响工作的效率,忽视差错。

(5) 对自己要求严格,过分沉溺于职责义务与道德规范,无业余爱好,拘谨吝啬,缺少友谊往来。

(6) 不合理地要求别人严格地按照自己的方式做事,否则心里很不痛快,对别人做事很不放心。

(7) 拘泥细节，甚至生活小节也要“程序化”，不遵照一定的规矩就感到不安或要重做。

如果你符合以上至少三种情况，那么你很有可能患有强迫型人格障。

二、自恋型人格障碍

自恋作为心理学中的病理概念来自于弗洛伊德的精神分析学派。单从自恋这个词语的字面意义理解，自恋是个体对自身的夸大型认知，健康的自恋特征会推动个体逐步成长形成人格中成熟的自尊，而受创的自恋特征则极易引发个体的障碍性人格。

自恋在个体的人格中形成较早，婴儿出生时，其萌发的自我意识形成的个体心理就是最初的自恋特征。婴儿在早期的认知力多集中于自身，对外部环境缺乏关注，但随着自身的成长与性格特征的发育，个体会将注意力更多地往外部环境进行转移，进而摆脱原来的自恋状态，这个转变过程极其关键，一旦外部环境产生不良刺激，个体会迅速将注意力转回自身，进而导致个体产生具有心理病理性质的自恋型人格障碍。

(一) 自恋型人格障碍的描述

在心理学领域，自恋是一种非正常人格障碍类型之一。早在 20 世纪 70 年代，美国精神分析学会就将自恋定义成一种病理现象。随着相关学者不断对此人格障碍类型展开研究，在 1994 年，相关研究成果表明自恋并非仅是一种自我型的理想化，还是一种依赖于他人支持的浮夸性理想化。一般认为，在日常生活中出现的自恋人格障碍是一种具有持续性的复杂性人格构造，其实是一种对于自身优越性及重要性的夸大，并在社会交往活动中认为自己拥有天然的特殊权利与待遇条件。

由于自恋型人格障碍的多发率，医学界对此展开了持续且深入的研究，其中以科胡特为代表的学者对自恋原有的概念进行归纳整合，提出了一种新的观点，形成了对自恋型的重新定义，他认为自恋在人格结构运行过程中所发挥的作用效果体现了自恋的意义，自恋一定程度上可以帮助个体建立良好的人格特征并保持良好的心理状态。

（二）自恋型人格障碍患者的认知模式

很多心理学研究者及医学工作者都认为，自恋是一种模糊不清且使个体处于一种不确定性的心理状态。这种不确定性是自恋造成的两种心理状态的冲突所激发的：一种心理状态是对外界所表现出的自我傲慢，及对自身吸引力的幻想，而另一种心理状态与之相反，是隐藏中的自我脆弱与不自信。这种矛盾性的心理状态与外在表现特征表明了自恋行为一定程度上是个体的自我保护，通过自恋的表现形成人格上的防御机制，从而抵制那些具有心理伤害性的信息。所以说，自恋是一种复杂的、混合的心理状态形式。

自恋型人格障碍的心理状态形式是一种认知建构的模型，首先自恋型人格障碍患者通过主观的自恋体验来将自身处于一种幻想性的夸大状态，在这种状态中个体的欲望得到满足，其情绪得以充分释放，形成了心理愉悦的体验效果。这种体验过程是个体将幻想性的认知投射到现实行为中所获得的感观体验。例如一些自恋型人格患者会将自己看作智者，而其他人都是愚蠢的，因此在社会交往中无论何时何地，在他眼里其他人的智力或情商都不及他，这种认知会让他将自我凌驾于他人之上，形成一种虚假的满足体验。

人格中的认知功能主要是对他人行为信号的接收与理解能力，及从他人立场认知行为的能力。自恋型人格障碍患者由于过于关注自我，在以自我为中心的认知模式中存在正常认知特征的缺失。而自恋型患者处于长期的夸大型状态之下，这种虚假的体验和认知会逐渐模糊个体的认知系统，从而缓慢地诱发个体对自身社会身份的不确定性，这种不确定性是个体内部的感知状态与实际社会关系的差异与冲突。由于自恋型人格患者自身认知功能的缺失，其心理状态的调整往往是夸大型人格所表现出的虚假矫正，但个体认为其所得到的感知是真实的反应，于是这种自我为中心的认知模式便得以长期持续。

社会交往活动很大程度上是信息的交互过程，自恋型人格障碍患者在信息的交互中所扮演的角色更多是信息的传递方而不是接收方。在人格障碍患者与他人交谈时，自恋者倾向于对外传递自身的夸大型描述，由此获得外界的肯定性评价。这是自恋者人格的本能表现，即便自恋者对外进行真实情感的描述，其所表述的内容也难以有效地阐述其真实的感知与体验。这是由于自恋型人格内部的夸大型信息处理方式始终在发挥着功能，使得个体长期处于一种失调的非正常活跃状态下，个体的表述与行为的真实性与幻想性难以进行准确的内部判断，致使无法产生完全真实的信息交互行为。

自恋者无法接受也无法判别自身的现实自我与理想自我的差异,为了满足自身的理想化感知,自恋者会通过内部机制的调整来完成自我价值观的建构,由于自恋型的防御机制的存在使得自恋者的价值体系十分严密,这种价值体系全方位地影响到了个体的实际行为,并对行为过程的缺失进行感知上的补偿,从而使得个体形成了一种通过感受情绪对行为的补偿和调控过程。这种过程对于个体而言是一种自我的满足,但对于社会交往中其他人而言则会引起极度的困扰,甚至会恶化相互间的人际关系。但自恋者对于这种关系的恶化会不以为然,这与自恋型人格中的自我反省机制的缺失紧密相关。

(三)精神分析理论关于自恋型人格障碍的相关描述

早在1914年,精神分析学派奠基者弗洛伊德就围绕自恋型人格这一特质专门发表了《论自恋》一文,系统性地阐述了有关自恋的概念及形成机制等问题。

弗洛伊德认为个体在婴幼儿时期的先天性感官系统中就有自恋因子的存在,并随着母亲的角色作用,使得婴儿逐渐对母亲产生依恋感,这种依恋感就是自恋的转移,即将对自己的爱恋发展至对其他人拥有爱恋之心。弗洛伊德将自恋划分成两种:一种是原发性的自恋行为,另一种是继发式自恋。婴儿时期为了及时抵消自身关于离开母体的焦虑状态,会将养育者当作自己的一部分赋予爱恋,这被弗洛伊德看作婴儿时期的原始的爱恋,这种自恋也是个体的生存本能所激发的自恋行为,其目的是保护自己能够拥有足够的生存空间。

随着个体的逐步成长,由于外部环境的复杂性,个体会不断地受挫,在受挫中个体会将投射向外部世界的关注力转移至自身,这种就是继发式自恋,也是一种病理性的状态。弗洛伊德对自恋的分析使得其在自恋型人格障碍方面的研究成果具有极大的发展意义。但其研究概念模糊,宣扬的性本能至上使得其对自恋行为模式的阐述并不全面。

除了弗洛伊德自身关于自恋的研究,精神分析学派的另外一名女性学者霍妮对自恋的研究有着独特的贡献,霍妮创造性地从人格结构上对自恋行为进行分析,她通过大量的研究论证表明,自恋实质上一种人格中自我部分的心理膨胀。同时霍妮对弗洛伊德关于自恋行为的性本能论述提出了异议,她认为自恋的根源在于个体与他人的关系。在婴幼儿时期个体与父母的关系对个体的自恋心理发展有着重要的影响。特别在幼年时期,父母由于自身的一些原因对孩子施加不良影响,使得孩子幼小的自尊受到损害,其人格中的本我通过自我保护机制为个体营造出虚假的满足感，进而实现个体的爱恋的自我回归，形成早期的自恋倾向。如果个体的成长环境对本我有利的话，这部分自恋倾向会逐渐被抵消，其人格结构会逐渐朝向健康的方向发展，但如果后天环境的刺激性因素过多，其基本自恋倾向会进一步恶化，进而朝向深层次的病态化发展。

（四）自恋型人格测试

（1）对批评的反应是愤怒、羞愧或感到耻辱（尽管不一定当即表露出来）。

（2）坚信他关注的问题是世上独有的，不能被某些特殊的人物了解。

（3）渴望持久的关注与赞美。

（4）过分自高自大，对自己的才能夸大其辞，希望别人特别关注。

（5）对无限的成功、权力、荣誉、美丽或理想爱情有非分的幻想。

（6）认为自己应享有他人没有的特权。

（7）喜欢指使他人，要他人为自己服务。

（8）缺乏同情心。

（9）有很强的嫉妒心。

如果你符合上述状态中的五项或以上，那么你很可能患有自恋型人格障碍。

三、边缘型人格障碍

作为人格障碍的其中一种类型，边缘型人格障碍相较于其他类型障碍来说具有一定的独特性，这种独特性表现在边缘型人格障碍的难以识别性与人格特征的复杂性。由于边缘型人格障碍的这种特性的存在，使得边缘型人格障碍患者在日常生活中很难被他人所感知，并且这种人格障碍患者很难通过治疗得以康复。随着对边缘型人格障碍的深入研究，研究者对边缘型人格特征进行了总结和归纳，围绕边缘型人格障碍的特征，采取针对性的治疗手段可以达成一定的治疗效果。

由于边缘型人格障碍的难以感知性，使得研究者很难根据其外在特征对此障碍类型进行明确定义，只能通过其病理特征来概述其概念。目前学界普遍认为边缘型人格障碍是持续性的长期处于正常人格与非正常人格中间的人格状态类型，因此这种表述也是人格障碍中边缘一词的由来。

（一）边缘型人格障碍的人格特征

虽然边缘型人格障碍具有难以辨识性，但随着研究者的研究，已归纳出了一些明显的边缘型人格障碍特点。

1. 剧烈的极端情绪波动

在正常人看来，边缘型人格障碍患者的情绪具有多变性、易变性，呈现出反复无常的特点。边缘型人格障碍患者缺乏对自身情绪的控制力，难以在充满变化的外部环境中保持自身内部的情绪稳定性与情感的连续性，即便外在环境中微小的变动，也有可能触发其个体内部的极端情绪，使得患者的情绪感知呈现剧烈的变化。

在日常生活中，我们身边也会经常接触到这样一些人，在我们看来有时候一些鸡毛蒜皮的小事可能就会引起他们大发雷霆，但这并不能跟边缘型人格障碍患者等同比较，边缘型人格障碍患者的情绪波动特征具有长期的持续性与极度的敏感性，这是一种病理性的特征，与生活中所见的一些人的情绪宣泄行为是不一样的。

2. 情绪极易失控

边缘型人格障碍患者的情绪极易失控，并且这种失控的情绪更多情况下会以愤怒的形式表现出来，表现了患者对于自身情绪的控制力不足。而且有临床试验表明，即便在无外部环境刺激的情况下，边缘型人格障碍患者自身的回忆及心理活动也会迅速诱发情绪的强烈反应，使得自身处于极度狂躁的状态。可能是多年前的一些记忆遗留，也会对患者的情绪造成巨大的影响，在这种极度愤怒的状态下，边缘型人格障碍患者的情绪极具伤害性和攻击性，会使得周边人的情绪受到极大影响。

边缘型人格障碍患者的情绪宣泄不仅对于周边人有着巨大影响，这种较大的情绪波动对于患者自身也是一种伤害行为，这种伤害同时通过心理与生理的层面对患者施加影响。边缘型人格障碍患者的强烈情绪波动会使自身长期处于极度的愤怒与焦虑中，使得个体承担着巨大的压力和痛苦，同时情绪性的反应也影响到生理机能，使自身心跳加速，体温上升，大量的血液短时间内涌入头部的毛细血管中对脑部造成伤害。

边缘型人格障碍患者的情绪波动虽然多以愤怒的形式表现出来，但有些情绪波动也可能是悲伤或喜悦。由于边缘型人格障碍患者缺乏对自身情绪的有效管理和控制，在外界刺激源的刺激下，患者会迅速调动自己的情绪来予以回应。在一些女性边缘型人格障碍患者中会出现这样的情况，患者在看到一些人寻求帮助的样子时会瞬间丢掉自己的心理防线，而让自己处于一种濒临崩溃的状态而对这些人不加判别地提供帮助。

3. 强烈的仇恨心理

边缘型人格障碍患者的情绪波动多以负面愤怒情绪为主，这种愤怒情绪包含了对情绪宣泄对象的强烈仇恨。通过心理学角度分析，患者的这种仇恨情绪是其内心深处的长期的负面情绪积累所致。这种负面情绪可能是由于其成长过程中的周边环境的矛盾与情绪的投射，也可能是其敏感的心理机制对外界行为的过度解读，使得自身的防御机制将各类矛盾行为扩大化。

由于患者的心理层次中沉淀了大量的负面情绪，这种负面的压力会给边缘型人格障碍患者造成巨大的压力和痛苦，于是人格的自我保护机制也会诱使个体进行习惯性的情绪宣泄来维持自身人格机制的相对稳定。在此过程中，边缘型人格障碍患者在受到内外因素刺激的情况下，为了减轻自身难以承受的压力和痛苦，会将极端的情绪对周边人进行宣泄，这种极端情绪并会随着宣泄对象的反应和刺激上升成仇恨，大量的仇恨宣泄过后，患者自身的情绪会逐渐回归稳定，此时患者对于之前自己所处的极端状态很难有清晰完整的认知。

4. 强烈的依赖心理与控制欲

在人际交往过程中，边缘型人格障碍患者的依赖性和控制欲并不明显，但对于自己身边亲近的人来说，由于亲人的可控制性和可依赖性，使得边缘型人格的这种依赖和控制达到极致。

边缘型人格障碍患者的这种特征往往使得周边其他人对患者的认知存在不足，有些患者在周边朋友看来是个模范男友，但对于其恋人来说则是一个控制欲极强的存在。并且由于患者的极端控制欲，往往会使得患者在恋爱关系中产生一些不恰当行为，有些患者会限定自己恋人的朋友关系、社交活动，甚至是穿衣方式，从而给对方带来极大的困扰，使得双方的关系朝着不健康的方向发展，在关系恶化到一定程度时，对方可能会提出结束这种关系。随之，患者又会表现出极端的依赖性，呈现出一副可怜的面孔来博取同情，这种情况下对方可能会由于心软而同意复合，但在关系复合之后患者依旧会表现出极端的控制欲而给对方造成伤害。

（二）边缘型人格障碍的治疗

在所有的人格障碍类型中，边缘型人格障碍的复杂性使得医学家尚未有完全有效的治疗方法，并且漫长的研究过程，使得很多心理治疗师和人格研究者对边缘型人格障碍的治疗热情逐渐消退，但边缘型人格障碍给患者本人及其周边的亲人日常生活带来的困扰和痛苦并没削减，且边缘型人格障碍患者的患病人数保持着持续的上升趋势。

在数十年的发展过程中，目前针对边缘型人格障碍患者的治疗主要采取心理调适为主、药物治疗为辅的双效治疗手段。其中药物治疗的弊病被一些心理治疗师所排斥。在心理调适中运用较多的是 SET 系统调适法，这种心理调适法强调治疗师对患者表现出的治愈决心和切实的关心，并处在患者的立场对患者的情绪与认知模式进行关注，同时要站在事实的角度，对当前的问题及时阐明，鼓励患者积极正向面对，承担责任并解决问题。

同时，在针对边缘型人格障碍患者的治疗中还引入了一些认知理论的实践理论。要求患者不要对环境中的不确定性因素产生焦虑或恐惧，通过对患者人格结构中的道德标尺与认知模型进行重新构建，使得患者能够意识到问题的根源所在，并主动摆脱这种极端化的信息处理方式，主动调整为客观性的反应模式，并且在心理治疗师的帮助下采取适应性的治疗，使得自身的人格结构逐渐熟悉和接受这种客观的反应模式。再以心理治疗师为媒介尝试与外部环境建立信任关系，通过对环境的不断学习和观察来调整自己人格模式中的既有认知，通过新的认知角度对历史回忆中的情感进行重新体验，达到对过往经历的协调处理，在源头上将不良刺激源进行调整或消除。

四、偏执型人格障碍

健康的人格能够直接促进个体的发展，对个体的事业成功和身心发展有着积极的影响作用，而一些人格障碍患者，特别是对于偏执型人格障碍患者而言，他们的日常生活和工作受到极大的影响。这种状况也引起了社会学家和心理学工作者的重视，随着人格理论的发展，更多的研究者将行为理论及认知理论在偏执型人格障碍患者的研究和治疗中加以应用，由此取得了重大的突破。

（一）偏执型人格障碍概述

通常情况下，个体在社会交往活动中会表现出一定的环境适应性特征，这也是人格社会性的正常表现，但有些人在现实生活中总表现得与周边的环境格格不入，并且与周边人显得水火不容，一般人会认为这些人十分古怪难以接触，心理学家将这种人称为人格异常者，其中一些极为顽固的典型人格被称为偏执型人格障碍。这种人格障碍类型所表现的特征之一就是极度固执，这种固执具有极端性，一方面是对自我的过分重视，另一方面对其他人保持着长期的不信任，敏感多疑，极易与他人产生摩擦，并将问题归因于对方。

一般情况下，偏执型人格障碍患者有着较不理想的社会关系，这种社交方面的受挫会进一步激发这种人格的极端化特征表现，于是在这种极端的变态特征下，使得其偏执型进一步加重，并可能会诱发偏执型精神病。偏执型人格较低的社会性特征使得在日常生活中这种患者通常会被外界排斥，逐渐形成其被孤立的情形，为解决这种患者的内外困扰，对偏执型人格障碍的研究显得尤为重要。

在偏执型人格障碍的研究与治疗方面，学界多采用了人格理论中的认知理论的应用方法，在以认知理论为基础的心理治疗上，通过认知结构的调整与行为模式的干预，对患者的不良情绪与认知模型进行改变，使其逐渐康复，进而实现偏执型人格障碍患者的人格健康发展。

（二）偏执型人格障碍患者的防御性

在一些人格研究者的研究中发现，偏执型人格障碍患者的偏执型表现是由于人格中的防御机制被激发所产生的。这种防御机制存在于每个个体人格结构之中，通常在个体感受到外界的人格侵犯行为时被激发，但是由于偏执型患者人格结构的异常，其心理内部是一种较低的自尊感知度，所以偏执型人格障碍患者的防御机制在日常生活中极易因为其较低的自尊感知度而被外界的一些刺激所激发。

正常人格中的人格防御机制具有正向保护性特征，即在个体感受到自尊被侮辱时会采取一系列认知模式的调整与行为方式的改变对其人格进行语言及心理的捍卫。但偏执型人格障碍患者的人格防御机制则将其带入到了更深的抑郁之中，使得患者沉浸在极度的焦虑状态进而对外部环境产生极端的排斥行为。这反映在正常视角中就是一种极度顽固的表现。

由于人格的构建是一种自我构建的过程，偏执型人格障碍患者的人格防御机制也是一个自我构建的过程，首先这种防御机制会约束患者在外界环境刺激下呈现一定的表现行为，并在外部环境中，通过改变患者的感知方式与信息理解效果来影响患者对待外部环境的方式，这种通过对感知度的影响来主导患者的表现行为只是自我构建模式的一种体现。同时，患者的人格构建过程中因为其敏感多疑的特征会不断将外部的环境变动错判为威胁，这种威胁的判定使得患者不能获得外部环境的客观信息，并且直接干扰了主观的反应，使得偏执型人格障碍患者的自我反应呈现出极度不协调。

偏执型人格障碍患者在感知到外部威胁信息时，其防御机制会将威胁进行极端化的放大，迫使个体采取多种手段以确保其安全的需求得到满足，这种手段和表现在正常人看来可能就是一些歇斯底里的举动。

（三）偏执型人格障碍的治疗

随着行为理论在人格研究领域的普遍应用，近些年来在对偏执型人格障碍的治疗上，一些国外心理治疗师创新性地采用了团体治疗法，这种治疗方式是一种患者自我成长的训练方式，通过心理治疗师的专业指导，并且通过团体之间的人际交往，使得患者能够感受到人际交往的正常原则，并且心理治疗师通过鼓励患者对自己形成良好的积极认知，逐渐对其心理问题进行突破，形成自我的康复。这种团体性的治疗方式在顺利的情况下往往会有较高的治愈率，这与心理治疗师的专业素养密切相关，但在一些非专业的治疗师引导下，团体性的治疗可能会将偏执型人格障碍患者中的人格负面因素进一步激发，达到负面的治疗效果。

当前在偏执型人格障碍患者的治疗工作中，心理治疗师普遍是通过发挥患者的主动性，逐渐消除患者对外部环境的敌意的。偏执型人格障碍患者逐渐在自我的治疗中植入相关的事前提醒，时时刻刻警告自己不要陷入敌对情绪之中，以此弱化自身的极端情绪反应。同时通过社交礼仪的培养，形成良好的尊重他人的习惯，通过社交关系的健康发展推动患者人格体系的健全。

相关治疗的难点主要集中在患者的前期接触中，由于偏执型人格障碍患者的特点，使得其敏感多疑，对外界一切保持着不信任，对心理治疗师的态度也是如此，会保持着极度的敌意，抵触治疗师所给予的各种康复治疗意见，这就给心理治疗师的工作增加了难度。心理治疗师要充分发挥其专业性，诱导患者人格结构中潜在的理性观念与非理性观念进行抗争，逐渐通过正向的发展推动人格障碍的治疗工作。

（四）偏执型人格测试

（1）容易嫉恨别人，对他人的错误不能宽容。

（2）将周围事物解释为不符合实际情况的“阴谋”。

(3) 易产生病态嫉妒。

(4) 忽视或者不相信与自己想法不符合的客观证据。因而别人很难以说理或行为来改变其想法。

(5) 广泛猜疑,常将他人无意的、非恶意的甚至友好的行为误解为敌意或歧视,或无足够根据,怀疑会被人利用或伤害,因此过分警惕与防卫。

(6) 脱离实际地与人争辩与敌对,固执地追求个人不够合理的权利或利益。

(7) 过分自负,若有挫折或失败则归咎于人,总认为自己正确。

如果符合上面七种情况中的三种以上,那么你很可能患上了偏执型人格障碍。

五、冲动型人格障碍

冲动型人格障碍患者在所有人格障碍类型中表现出了最强的攻击性,这种攻击性是指伤害患者周边环境及个体的各种形式的攻击行为。心理学研究工作中对冲动型人格障碍的研究投入了大量的精力。但是对于冲动型人格障碍所产生的攻击行为的认知行为机制依然没有明确的结果。

冲动型人格障碍的冲动型特征主要表现在患者对内外部的刺激无法进行谨慎性思考,缺乏对行为的负面后果评估,便做出快速攻击性的反应倾向。在冲动型人格障碍患者看来,他们的攻击性是一种自卫反击的体现,这也反映出了冲动型人格障碍患者的认知视角与正常视角的不同。一些认知心理学者针对冲动型人格障碍建立了攻击模型,采用了社会认知的视角了解患者在不同情境下的刺激反应,结果表现出冲动型人格障碍患者攻击行为的触发主要有三个阶段共同构成,首先是刺激因素的介入,其次是内部情绪的唤醒,最后是攻击行为的施加。这个攻击模型为社会对冲动型人格障碍患者的攻击行为的认知提供了一个完整全新的视角。

冲动型人格障碍患者的攻击性特征不仅与外部环境的刺激有关,与个体的内部情绪因素也有着极大的相关性,虽然攻击行为多见于一些具有威胁元素的情境中,但冲动型人格障碍患者的攻击行为与情境的威胁性的关联度并不是很高,而与其自身的负面情绪阈值密切相关。这种负面情绪多以焦虑的形式存在,无处不在的焦虑感使得患者内部产生恐慌,于是会采取极端性的攻击手段来突破自身受环境的影响,这种冲动型人格特质一定程度上也会放大焦虑情绪的负面作用，于是这种焦虑情绪一定程度上扮演了患者情绪与攻击行为的中介元素。

焦虑情绪与攻击行为的正向相关性特征并不意味着焦虑情绪与攻击行为的形成因子完全一致。焦虑情绪是个体对于情境的不匹配性的痛苦体验感，这种焦虑与环境无关，多数由个体内部的认知逻辑所激发。焦虑情绪是个体的本能情绪反应之一，一定程度的焦虑可以帮助个体积极应对相关环境的变化，对行为具有正向的指导性，但长期持续的焦虑状态会极度影响个体的身心健康，并对人格中的认知模式产生较大的负面影响。这种情况下的焦虑状态始终恶性循环，会将个体不断引入一个又一个的焦虑事件中。对于冲动型人格障碍患者而言，这种持续性的焦虑事件也会将其冲动型的攻击行为处于频繁发生的状态。

大量的临床研究表明，冲动型人格障碍的患者中男女比例存在较大的差异，其中男性中冲动型人格障碍患病率高达14%，而女性中仅为2%。心理学家表示，这是由于男性原始性的角色认同与攻击性的关联性，使得男性崇尚暴力，并且在受到威胁的情况下通常会表现出较强的攻击性特征。同时攻击性也是个体人格补偿的一种体现。有一些看似非常柔弱的人却表现出了极度的攻击性特征，人格研究者认为，这是由于个体在对自己某方面所产生的自卑心理所诱发的补偿手段，当这种补偿多以冲动、暴力的形式体现时，其行为就具有极度的攻击性。

由于冲动型人格的暴力型特征，使得社会学家与心理治疗师投入了较多的精力对其实际治疗方式进行研究。由于冲动型人格障碍的心理结构复杂性，使得治疗过程往往采取多种疗法交叉使用，这种交叉疗法在现实生活中取得了一定的成效，但由于疗法的多种类型，使得心理治疗师并不确定对于单一病例而言到底是哪种治疗方法产生了作用，这同时也制约了冲动型人格障碍治疗的相关研究发展。

随着整个社会对于心理学的接受度与认知度不断提升，社会公众对于冲动型人格障碍也给予了更高的理解，并在对人格障碍患者的治疗中给予了充分的支持和配合。这些对于冲动型人格障碍患者的治疗工作起了巨大的促进作用，给患者营造了良好的外部环境。这种稳定客观的环境使得患者与心理治疗师可以将治疗重点集中在患者内部的心理运行机制上，并通过不断的治疗逐一攻克难题，实现患者的康复。

六、依赖型人格障碍

依赖型人格障碍者最显著的特点就是时刻充满无助感，希望从他人身上获取帮助和支持。他们缺乏自信，对自己的能力永远持否定态度，对待他人常常采取迎合奉承态度，渴望从他人身上得到认同感，以驱散其孤独感，为此他们不在意是否能正常行使自己的权利，甚至不惜忍受被他人伤害和侮辱。当生活进入一个新的阶段或者环境时，依赖型人格障碍者的不安感与无助感将到达顶峰，此时他们迫切需要获得他人的帮助。

（一）依赖型人格障碍的表现

1. 行为上的无能与无助

依赖型人格障碍者的显著特点之一就是缺乏自信而满是自卑感。为了融入他人，让他人支持自己、接纳自己，他们在与他人相处时时刻关注他人感受，甚至无条件顺从他人意见，期望给他人留下热心、正直、有教养的印象。然而，事实常常适得其反。人格障碍患者外在表现上的积极热心无法掩盖其内心的自卑、担忧与缺乏自我，另外，他们在家庭教育中多属于被过度保护的角色，这就导致其生活技能与工作技能的缺乏，甚至是责任心的缺乏，因此，他们不可避免地会给人留下无能与没有主见的印象。依赖型人格障碍程度严重者，对孤独的恐惧深入骨髓，为了避免孤独，获取他人的帮助，他们可以完全失去自我地去取悦他人，而在这个过程中，他们会感到生理和心理上的双重疲惫，此时面对生活、面对工作，他们浑身充斥着虚弱感和焦虑感。最为严重者会导致没有性欲甚至性无能。

2. 社会交往中的顺从态度

依赖型人格障碍者因其无助与自卑，时刻想着依赖他人，因此他们会对他人表现出顺从态度，对他人言听计从，以期从他人之处获得帮助和保护。人格障碍患者在与他人相处时，初期以顺从为主，之后慢慢演变为对他人的依赖。他们不在意自己的意见，希望由他人来安排自己的行为，一旦无法依赖他人，他们会感到痛苦、沮丧。

3. 认知方式的幼稚和轻信

在对自身与他人的认知上，依赖型人格障碍者缺乏深刻与真实的认知。他们倾向于以正面积极的眼光看待外部世界，刻意回避生活中的恶意与困难，从而达到将生活简单化的目的。这一做法无疑是幼稚的，不能从根本上解决问题，而且会导致他们容易被别人欺骗。另外，由于对自身思维能力的限制，他们在进行思考时会变得迟钝，缺乏对事物进行正确分析和评价的能力。虽然人格障碍患者以正面眼光对待生活，但这不意味着其内心真正实现了平和与幸福，相反，认知能力的低下会使他们过度依赖于他人的帮助，同时不断推卸其应承担的责任。为了在表面上掩盖其自身的无能，他们常常寻找各种借口来为依赖他人覆上一层看似正当的面纱，如生病等。

（二）依赖型人格障碍的成因

1. 生物因素

一些学者在研究中发现，部分婴儿在刚出生之时就具有虚弱、孤独等特点，这些特点使得父母对他们投入更多关注与保护，而父母的保护又进一步增强了婴儿的这些特质，延长了特质存在时间，长此以往，为其依赖型人格障碍的形成打下了基础。另外，人们发现，依赖型人格障碍者在体形上也具有特色：一种是内胚层体型，外在表现为肥胖；一种是外胚层体型，外在表现为瘦小虚弱。两种体型都在一定程度上导致了依赖型人格障碍者的自卑，而其自卑感也会进一步加重其病症。因此，以上发现都可证明依赖型人格障碍的形成有一定的生物因素的推动。

2. 环境因素

（1）过度保护。在孩子的成长过程中，父母作为监护人应当承担养育、保护等责任，教给孩子必备的生活技能，在孩子遇到困难时及时给予帮助，使其健康成长，成为一个富有责任心、能承担应有责任的个体。然而，一些父母没有把握好保护孩子的度，过多干预孩子的生活，采取一手包办的策略而忽视了对孩子自主生活能力的培养。长此以往，孩子不具备他人所拥有的生活技能，缺乏面对生活压力的能力，在年龄增长的同时，其个人能力却没有增长。这又进一步导致了孩子在面对困难时只会转向父母或他人寻找帮助，增强孩子的软弱性。总之，父母的过度保护会将依赖与无能这些因素逐渐渗透进孩子的行为与态度中。

（2）缺乏竞争意识。依赖型人格障碍者在发现自身能力的不足之后，不会奋起直追，塑造自身能力，而是会产生挫败感，尤其是处于青春期时，正是易产生焦虑感且难以控制焦虑感的时期，此时他们会进一步加深对自我的否定，采取“鸵鸟策略”应对生活以减轻自身压力，即放弃与他人和生活的竞争，而选择全方位依赖他人。

(3) 社会角色的影响。研究发现,在临床案例中,女性中的依赖型人格障碍者远远多于男性,因此可以推断女性相对于男性更具有依赖倾向,进而导致女性更容易患依赖型人格障碍。而女性所产生的依赖倾向并非是天生的,而是社会文化所赋予的。正如男性要勇猛威武一样,社会关于女性的刻板印象即是柔弱文雅,更有甚者认为女性是男性的附属品。当一个人接受这一定位时,其便会让自身行为朝着相应社会角色靠拢,严重者即会形成依赖型人格障碍。

(三) 依赖型人格障碍的治疗

当前在临床中关于依赖型人格障碍的治疗主要是心理治疗,通过阻止患者对自我依赖性的塑造,培养其自信自立的态度与行为。

首先,要改变依赖型人格障碍者的认知方式和水平。要让其认识到:只有一步步克服遇到的困难,才能提高自身能力;在依赖他人的过程中,虽减小了生活压力,却也丧失了发展自身能力的路径,同时还失去了自我;只有积极勇敢地生活,不依赖他人而是培养自己独立生活的能力,才有可能克服自卑感与空虚感,使生活充实起来,并逐步建立自信。同时,还要让患者正确评价自己,对自己的优缺点有一个清晰的认知;要让患者在取得每一个无论大小的成功时为自己庆祝,以仪式感唤起患者对进步的渴望。

其次,要改变依赖型人格障碍者所处的环境,使其处于无法依赖他人只能自立自强的境地中。

最后,采取奖惩手段矫正其行为。要对其自立自强的行为进行奖励,而对依赖他人的行为进行惩罚。

(四) 依赖型人格测试

(1) 独处时有不适和无助感,或竭尽全力以逃避孤独。

(2) 无助感,让别人为自己做大多数的重要决定,如在何处生活、该选择什么职业等。

(3) 经常被遭人嫌弃的念头所折磨。

(4) 无独立性,很难单独展开计划或做事。

(5) 过度容忍,为讨好他人甘愿做低下的或自己不愿做的事。

(6) 在没有从他人处得到大量的建议和保证之前,对日常事物不能做出决策。

(7) 当亲密的关系中止时感到无助或崩溃。

(8) 被遗弃感。明知他人错了，也随声附和，因害怕被别人遗弃。

(9) 很容易因未得到赞许或遭到批评而受到伤害。

如果你满足上述九项中的五项或以上，那么你就患上了依赖型人格障碍，就要想办法来解决了。

七、反社会型人格障碍

（一）反社会型人格障碍的表现

第一，反社会型人格障碍者以自我为中心，暴躁易怒，且毫不在意对他人造成的伤害，甚至以此为乐。如在地铁中由于人较多，反社会人格障碍者会因为他人无意中的碰撞而感到十分恼怒，进而对他人大打出手，在他们心中，这种做法是十分正确的，因为他感觉利益被侵犯，他们有义务维护自身利益。

第二，反社会型人格障碍者漠视法律，没有道德底线。在临床中，经常出现的反社会行为包括打架斗殴、实施虐待、蓄意破坏公共财产或他人财产、偷盗等行为。而反社会人格障碍者自有一套将其行为合理化的认知体系。如虐待他人或者小动物的行为，是因为在他们看来除了其自身，其他人都是恶的，因此他所实施的虐待行为是“替天行道”；破坏公共财产的行为是因为他们感受到世界的不公平后所采取的反抗行为；偷盗是因为获取到的财物能够让他们保持心情愉悦。总之，反社会人格障碍者不会因自己的反社会行为而感到不安或内疚，一切在他们看来都是理所当然的。

第三，反社会型人格障碍者通常具备自私自利等特点，缺乏同理心，不会对他人遭遇抱有同情，甚至会幸灾乐祸。他们的行为或态度常常十分残忍，对待他人非常冷酷。同时，他们无法面对失败，会为自己的失败寻找各种借口。

第四，反社会人格障碍者缺乏责任感，难以长期坚持一件事情。他们的行为通常全凭心情或者个人好恶，常常会产生无故旷课、旷工等行为。更有甚者会出现贩卖毒品等违法犯罪行为。

第五，反社会型人格障碍者仇视社会，认为社会极端不公平，认为他人充满恶意，因此他们缺乏一般良知，报复社会的意识深入骨髓，常常采取极端方法伤害他人。反社会型人格障碍者对不良环境没有抵抗力，因此很容易被犯罪分子引诱，共同走上犯罪道路。

并非所有的反社会人格障碍者都能被轻易识别，很多患者十分具有欺骗性，他们会用平和的外表将自己伪装起来，甚至可以在社会交往中维持良好的人际关系，但只要对其仔细观察，他们就一定会“露出马脚”。

（二）反社会型人格障碍的成因

第一，遗传因素。国内外多位心理学家研究发现，基因对反社会行为的产生具有重要影响。

第二，一些脑功能缺陷会导致反社会型人格障碍。有心理学家通过研究证实了反社会型人格障碍与人脑前额叶脑电图的活动有关[①]。另外，反社会型人格障碍者难以控制自己的反社会行为，一个重要原因是其感受不到正常人所拥有的害怕、后悔等情绪，这一现象不只是心理性的，也是生理性的，因此可以推测反社会型人格障碍者的大脑某些神经系统存在生理性缺陷。

第三，家庭因素。在家庭中感受不到关爱或者长期遭受虐待的孩子，在步入成年期后患反社会人格障碍的可能性较大。父母漠视孩子，缺乏对孩子的关爱，甚至虐待孩子，会使孩子缺乏感受情感的能力，无法感受情感，自然也无法释放爱、同情等情感。父母对孩子的漠视，一定程度上导致了孩子对他人、对社会的漠视与冷酷。另外，父母是孩子的榜样，父母对人生的态度、父母的行为也会进一步投射到孩子身上。父母喜怒无常会影响孩子形成暴躁易怒的性格；父母没有责任感、毫无道德底线，会让孩子也漠视道德和法律；父母对孩子没有一套赏罚分明的体系，甚至随意处罚孩子，会让孩子不知何为对错、何为善恶，难以形成的正确的价值观，在其成年之后，容易丧失对不良环境与恶势力的抵抗力而与之同流合污。因此，反社会型人格障碍的形成过程中，家庭因素发挥了极大的作用。

第四，社会文化因素。反社会型人格障碍者生活在社会之中，其行为脱离了社会即构不成反社会，因此反社会型人格障碍的形成离不开社会影响。当今社会中很多人利益至上，道德底线一低再低，甚至在部分人群中形成了一股只顾追逐利益的风潮，为反社会型人格障碍提供了助力。另外，暴力视频影响大众至深，被一些人作为宣泄压力的途径之一，大众传媒为了迎合受众，又加大了对该种视频的推送力度，使得部分观众对暴力行为习以为常，甚至渴望自己进行暴力行为。由此可见，在反社会型人格障碍的形成中社会因素发挥着重要

① Deckel 等人(1996)对 APD 患者进行了前额叶脑电图(EEG)测量。

作用。

（三）反社会型人格障碍的治疗

1. 药物治疗

药物治疗难以彻底治好反社会型人格障碍，对人格结构的改变也无法发挥作用，但可以在一定程度上使患者情绪稳定，在一定时间内减少反社会行为。

2. 精神外科治疗

研究发现，反社会型人格障碍者的大脑边缘系统可能存在一定缺陷，因此要想改善患者症状，可以考虑在大脑一定位置进行定向破坏手术，但这一手术对患者脑部损害较大，且伤害不可逆。

3. 心理治疗

这也是针对反社会型人格障碍者采取最多的治疗方法。主要包括认知领悟疗法和厌恶疗法。所谓认知领悟疗法，是指治疗师通过与患者和谐相处，建立良好的关系，帮助患者认识到其反社会行为对他人甚至对其自身所造成的伤害，帮助他们学习如何有效控制情绪，培养他们的道德意识和责任意识，帮助他们建立正确的价值观，从而使他们最终获得正确的是非观和善恶观，最终能够控制自己的行为。所谓厌恶疗法是对反社会行为恶劣、造成巨大伤害的人格障碍者实施强制惩罚，使其形成条件反射，即当他们每次想要反社会时，就会产生生理性痛苦的感觉，从而阻止其反社会行为。

（四）反社会性人格测试

1. 18岁之前的测试

反社会人格障碍者在18岁之前，至少有下述表现中的三项：

（1）经常逃学。

（2）被学校开除过，或因为行为不轨至少停过一次学。

（3）被拘留过，或被公安部门管教过。

（4）至少有两次外出过夜。

（5）不是为了躲避体罚而反复说谎。

（6）习惯性地吸烟、喝酒。

（7）反复偷窃。

（8）反复参与破坏公共财物活动或纵火。

（9）反复挑起或参与斗殴。

(10) 反复违反家规或校规。

(11) 有过早的性行为。

(12) 虐待动物或弱小同伴。

2. 18 岁之后的测试

反社会人格障碍者在 18 岁以后有不负责的或违反社会规范的行为,至少有下述表现中的三项:

(1) 不能维持持久的工作(或学习),如经常旷工或旷课,或期望工作,可得到工作时又长久(6 个月或更久)待业,或者多次无计划地变换工作。

(2) 有不符合社会规范的行为,且这些行为已构成被逮捕的理由(不管是否已逮捕)。

(3) 易激惹,并有攻击性行为,如反复斗殴或攻击别人(不是保护自己或他人)。

(4) 经常不承担经济义务,如拖欠债务,不抚养小孩或不赡养父母。

(5) 行动无计划或有冲动性,如进行未事先安排的旅行,或旅行无目的。

(6) 不尊重事实,如经常撒谎,使用化名,欺骗他人以获取个人利益或快乐。

(7) 对自己或他人的安全漠不关心。

(8) 缺乏作为一个负责的父母的能力,如其小孩因缺乏照顾而有营养不良,因缺乏最起码的卫生条件而经常生病,有病也不被带去求医,无足够的食物或衣服。浪费金钱而不购置家庭必需品。

(9) 不能维持持久夫妻关系达一年或更久。

(10) 危害别人时无内疚感。

八、焦虑型人格障碍

(一) 焦虑型人格障碍的表现

焦虑型人格障碍者充满自卑感和紧张感,情绪时刻保持紧绷状态,忧心忡忡,提心吊胆,他们在意外界评价,对负面评价尤为敏感,渴望获得他人认可。同时认为生活中充满危险,并刻意逃避会让其感到不适的情境和场景,导致其生活方式被限制,且他们在人际交往中存在障碍,难以建立良好的人际关系。

焦虑型人格障碍在临床上主要有以下几种表现:

1. 焦虑情绪

一是焦虑型人格障碍者存在持续性的焦虑情绪。这种焦虑持续时间长，患者对生活中的各种事物都充满焦虑，如明日工作是否可以顺利展开，家人身体是否可以保持健康，其焦虑程度明显超出了正常范围，致使其时刻生活在焦虑、恐慌与忧愁之中。另外，一些患者常常伴随过度的恐慌感，却找不到恐慌的理由，只是单纯感觉有危险要降临，诸如疾病、地震等，因此其一直生活在杞人忧天的状态之中。还有一些患者是对自身要求过于完美，担心自己无法达到自身要求，因此时刻处于恐慌之中。

二是焦虑型人格障碍者的发作性焦虑。这一症状伴随着强烈的生理症状，如突如其来的恐慌感导致的心跳加速、恶心头晕、难以站立、呼吸急促等，严重者甚至会心脏病发作或者失去呼吸。

三是焦虑型人格障碍者的伴随性焦虑。当患者脑海中产生了强迫性观念或者催促自己必须做出某种行为的强迫性冲动时，患者对这一头脑命令持抗拒态度却又无法摆脱，此时患者开始产生焦虑情绪且非常强烈。只有这一强迫性思维消失，其焦虑感才能退去。

2. 运动性不安

焦虑型人格障碍者通常会有运动性的不安与焦虑，程度有轻重之分。程度较轻的患者表现为坐立不安、表情凝重、肌肉僵硬甚至颤抖、手指神经性的抖动等生理性症状。程度较重的患者会感到身体不停发抖、头晕头痛，甚至无法控制自己而向人求救。严重者甚至会全身痉挛乃至全身疼痛。

3. 自主神经活动增加

焦虑型人格障碍者的自主神经活动比正常人要强很多，会产生诸如呼吸急促、呼吸不畅、耳鸣、视物不清、出汗过多、头晕恶心、局部或全身痉挛、口干舌燥、面色发白、腹泻等症状。女性患者会因心理性的焦虑影响身体，产生月经不调等问题。男性患者容易出现缺乏性欲、性功能障碍等问题。

4. 警觉程度提高

焦虑型人格障碍者的警觉程度十分突出，对外部刺激十分敏感，即便是一些十分小的刺激也可以让他们产生强烈反应，如突然听到外界声音时，无论声音大小，患者都很有可能感到惊恐或者尖叫起来。他们的过度敏感导致其注意力的集中程度较低，因此工作效率也难以提高。另外，患者由于时刻处于焦虑之中，导致其情绪十分不稳定，甚至暴躁易怒。过度焦虑也影响到了焦虑型人格障碍者的睡眠质量，主要表现为失眠、易惊醒与噩梦连连。

（二）焦虑型人格障碍的成因

焦虑是人的正常情绪，但焦虑型人格障碍者的焦虑程度与正常人相比要高出很多。研究表明，焦虑型人格障碍的形成离不开生理因素与社会因素的双重影响。

(1) 遗传因素。对双胞胎以及家族谱系的研究可以证实基因在焦虑型人格障碍的研究中发挥着重要作用。

(2) 心理社会因素。当遇到危机、磨难或者具有重要意义的机遇、挑战时，即便是健康人格者也会产生焦虑情绪，因此，相比于正常人的焦虑情绪，焦虑型人格障碍者的病理性情绪的产生也离不开这些心理社会因素。因此，经历了伤害性较大事件的人，更容易产生焦虑型人格障碍。在其脱离危险情境后，当面对相似情境时，他们会产生过度焦虑的反应。

(3) 家庭因素。父母是孩子的首要学习榜样，父母的焦虑情绪正常与否会直接影响到孩子对焦虑情绪的应对。

（三）焦虑型人格障碍的治疗

一是药物治疗。使用药物可以有效缓解焦虑型人格障碍者的发病症状，但难以彻底根治，且药物还有副作用。

二是心理疗法。主要包括支持性心理治疗、行为疗法和认知疗法。

所谓支持性心理治疗，是治疗师和患者之间建立良好的关系，让患者感受到被关心，从而能够顺利和治疗师探讨病情并积极接受治疗。治疗师应向患者认真解释焦虑型人格障碍的相关问题，使患者对自身病症有一个清晰的认识，从而避免患者对自身病症的过度放大而进一步诱发焦虑情绪。另外，治疗师要在和患者沟通过程中寻找到导致其焦虑型人格障碍的因素，只有追本溯源，才能彻底解决问题。而患者也要谨遵医嘱，按照医生指示调整自身。如有的患者是因为难以面对生活压力而导致的焦虑型人格障碍，此时治疗师要帮助患者学习如何处理生活中的各种事件；有的患者是因为生活方式不对导致的焦虑型人格障碍，此时治疗师要帮助患者建立健康的生活方式；有的患者是因为家庭阴影导致的焦虑型人格障碍，此时治疗师要帮助患者直面阴影，从阴影中走出来。

所谓行为疗法，是对患者的行为进行矫正，从而缓解或者治愈其病症。如呼吸训练，让患者进行缓慢而有节奏的呼吸来缓解焦虑症状；暴露疗法，让患者坚持接触致使其焦虑或恐惧的事物而逐渐减轻对该事物的焦虑情绪。

所谓认知疗法，是通过对焦虑型人格障碍者思维方式的改变来减轻其症状。治疗师要让患者认识到其过度焦虑的根源，大部分焦虑患者会将其焦虑时的身体反应扩大化，如将心跳加快认为是心脏病发作的征兆，此时治疗师要帮助患者分清身体症状与心理感受的区别。当分析得出患者思维方式的不合理之处时，治疗师要帮助患者建立合理的思维方式。

九、人格分裂障碍

（一）人格分裂障碍的表现

分裂型人格障碍者的主要特征是对人冷漠，缺乏情感体验和情感交流，难以维持良好的人际关系，行为举止甚至外貌都异于常人，思想观念偏离正常轨道。

第一，分裂型人格障碍者性格内向，常常将自己封闭起来，拒绝与他人交流，不在意外界评价，而他人对其冷漠态度也会感到不满，因此会抗拒与其接触，因而他们在社会交往中常常碰壁，几乎没有感情体验。另外，他们充满自卑感，行为举止较为怪异，有着与正常人不同的知觉体验，整日沉浸于幻想之中。如一些分裂型人格障碍者相信自己有超能力，或者认为自己是某种植物，或迷信某种神秘力量。

第二，分裂型人格障碍者学习和工作能力不强，且普遍存在不求上进的问题。他们沉浸在幻想之中，没有时间和精力提高自身能力，且对现实世界不在意，导致他们缺乏进取心。

第三，分裂型人格障碍者以自我为中心，在面对竞争时通常采取逃避态度，抗拒与他人产生过多联系。

第四，分裂型人格障碍者性格孤僻，远离人群密集之处，在进行工作的选择时，也会抗拒需要与人打交道的工作。

第五，分裂型人格障碍者猜疑心重，且较为偏执。

第六，分裂型人格障碍者的言语表达古怪，如说话含糊、神经质、语言刻板、过于抠字眼等。

第七，多数分裂型人格障碍者过于焦虑甚至抑郁，且常常伴随生理性表现。

典型案例

张某，女，32岁，已婚，职业教师。其母在其17岁时去世，其父是一位大学教师，性情直爽，但经常处于焦虑状态。其兄长为偏执型人格障碍者，曾接受治疗，但效果不佳，时常处于激烈的情绪波动之中。其表妹是强迫型人格障碍者，对心理治疗持抗拒态度，在生活中事事追求完美，过于谨慎，内心常常焦躁不安。患者心理状态与其父亲相似，多疑敏感，经常因为一点小事受到惊吓，且常常怀疑他人诸如邻居、同事对其怀有恶意想要暗害她和家人。独自生活能力差，缺乏必备的生活技能，且难以适应新环境，面对工作上的挑战总是退缩，离不开丈夫和父亲的帮助。当遇到生活和工作上的困难时，其第一反应是焦虑，之后时刻处于紧张状态中，且相比平常更加多疑。患者育有一子，过分在意孩子的教育情况，在教育理念上与丈夫不和，经常发生争吵，且一直怀疑他人在嘲笑自己教育能力差，因此不愿与人交往，也没有朋友，与丈夫和孩子的关系也不够亲密。之后患者辞职，转行做杂志编辑，但仍感觉同事在质疑其能力或嘲笑其工作水平，甚至怀疑别人嘲笑她的穿着打扮，回家后常和丈夫抱怨，且要求丈夫按照其思维模式进行思考，无法忍受丈夫的劝解和不在意，甚至怀疑丈夫也在嘲笑她。曾发生过多次急性抑郁症，对此接受了药物治疗，但只在短时间内缓解了症状，人格模式并没有改变。当前仍抗拒与他人交往，喜欢封闭环境。

（二）人格分裂障碍的成因

第一，遗传因素。基因一定程度上影响了人格分裂障碍的形成。

第二，家庭因素。首先，幼年时期遭受虐待容易导致其对社会、对他人的仇恨，形成人格分裂障碍的萌芽。其次，父母患有人格分裂障碍或者其他人格障碍的情况也会导致孩子产生人格分裂障碍。最后，父母对孩子的期望与要求长时间超过孩子自身能力时，会导致孩子压力过大甚至叛逆心理，最后逃离现实长时间沉迷于幻想之中，最终形成人格分裂障碍。

第三，社会环境影响。社会不良风气诸如利益至上、人情冷漠、崇尚暴力等容易使孩子的价值观念和思维方式等偏离正向轨道，产生诸如叛逆、反抗、恶意等不良心理，进而导致其出现不良人格，形成人格分裂障碍。

（三）人格分裂障碍的治疗

对人格分裂障碍者进行治疗，主要是为了使其情感态度恢复正常、不再封闭自我,能够与周围环境和谐相处。

一是社交训练法。首先要对人格分裂障碍者的认知能力和认知方式进行改造,让其认识到孤僻自闭与情感淡漠的危害,以及沉溺于幻想之中对其生理和心理的双重损伤,促使其主动进行心理治疗。另外,在进行社交训练之前,要向患者清晰全面地传达训练的方法与具体步骤,让其明了注意事项,从而能够顺利进行治疗。其次,要对分裂型人格障碍者的训练情况进行记录,并对训练成果进行总结和评价。再次,要对患者的训练进行适当奖励,强化其修改性行为,增强患者对于训练以及康复的信心。奖励可以是赠送小礼物、现金奖励、外出游玩等,使患者保持愉悦与平和心情。最后,在训练内容难易程度的制定上,要坚持从容易到困难的原则,循序渐进,防止出现初期训练难度过高或者过于复杂而导致患者退缩的情况。

二是兴趣培养法。要培养患者的认知,使其确立一个积极健康的人生目标并产生为之奋斗的意识;要带领患者有意识地参与社会活动,培养其兴趣爱好,如画画、唱歌、打球等,使其感受到社会生活的丰富多彩,从封闭中走出来,能够自主与他人进行交流,建立和谐的人际关系。

(四) 分裂型人格测试

(1) 行为怪僻,几乎总是单独活动。主动与人交往仅限于生活或工作中接触,除一般亲属外无亲密朋友或知己。

(2) 过度的社会焦虑。有陌生人在场时表现出极度不安。

(3) 不寻常的知觉体验。如一贯产生错觉、幻觉,常看见不存在的人等。

(4) 缺乏温情。难与别人建立起深切的情感关系,甚至对亲人也缺乏必要的温情与体贴。

(5) 言语怪异。如离题,用词不当,繁简不当,表达意思不清楚。

(6) 奇异的信念和想法,或与文化背景不一致的行为。如对透视力、心灵感应或“第六感官”“别人可以体验我的情感”等奇异功能特别着迷。

(7) 奇怪的、反常的、特别的行为或外貌。如服饰奇特,不修边幅,行为不合时宜,不符合习俗或目的不明确。

(8) 毫无道理地将与己无关的事情联系起来而感觉不安。

如果以上其中的五项或五项以上和你的情况相符,那么你很可能患上了分裂型人格障碍。

第四章　环境与遗传对人格发展的影响

人格的形成是先天因素与后天环境共同作用的结果。先天因素主要是指生物学因素，即遗传基因、生化因素、脑功能等；后天因素包括家庭环境、学校教育和社会文化环境，这些因素都不同程度地对人格的形成产生影响。

第一节　人格与遗传

人格中与生俱来所具有的心理成分中包含了生物特质，这部分特质的形成一方面是遗传因素的作用，在个体内部所形成的具有传承性的稳定心理特征。人格中的遗传性一定程度上体现在生理表现上。这方面在古希腊时期的人格研究中就有所体现，并且中外的学者对此都有着相近的认知，东方文化中关于人格的差异划分采用了阴阳学说，应将阴阳的传承与人格的遗传性特征相互结合。

人格的发展也是先天因素与后天环境的结合，即环境因素与遗传条件交互过程所产生的结果。人体的生理特质对人格的形成有着一定程度的影响。这种生理特质包含了家族遗传、生理结构、脑功能等。由于 DNA 的信息结构特征，遗传因素直接决定了人格发展的可能性特征，成为了人格结构产生和发展的根基。在此基础上，环境逐渐对个体的人格结构产生外部作用力，在内外的相互作用下共同构成个体的人格结构特征。

对于人格的研究起始较早，古希腊及中国古代社会均对此展开了探讨。随着人格研究理论的逐步发展成熟，在人格研究方面也产生出了不同学派，不同学派对于人格的影响要素有着不同的观点，有些学派提出了环境决定论，有些学派提出了遗传决定论，其中也有些学派采用了折中的观点，认为遗传与环境对于人格形成相互产生作用。

对人格的影响要素的倾向性展开研究，首先要通过多个维度对人格的形成与发展进行探讨分析，纵向主要针对人格中的遗传因素进行研究，而横向则是探讨人格发展中内外部环境的影响对人格的塑造作用。个体出生之后，遗传因子共同构成了个体的遗传信息框架，在此框架内个体的人格逐渐形成。这就好比修建一栋房子，遗传因子决定了这个房子的材质是楠木还是橡木，或者是钢筋水泥。这部分遗传因素直接决定了个体的智力水平与人格气质因素，这些内容共同构成了个体的人格框架，此部分是人格形成与发展的纵向内容。而横向上通过后天的家庭环境教育对个体的人格进行培养，这个过程则好比针对遗传因素所造就的房屋框架进行硬件加工和后期装修。在早期成长过程中，个体的人格极具可塑性，正如处于房屋的建造过程，可以轻易地对房屋的结构进行改动，而在装修完工之后，整个房屋基本建成，人格结构逐步趋向稳定，后期的人格发展中的一些改变也只是对房屋中的一些软装部分的细微调整，很难触动到结构根基。这个过程中遗传与环境共同对人格的形成施加不同方面的影响作用，很难去比较其各自影响作用的大小，个体的人格结构是由此两部分共同发挥作用的结果。

一、生理学因素

人体的生理学条件直接影响到了个体存在的基础，进而也决定了人格所产生的根基。由于生理遗传的稳定性特征，使得此部分影响作用下的人格具有一定的稳定性，但遗传基因并非是生理学中的所有影响元素，遗传基因只是其中一部分。其他的生理结构特征如脑功能结构等也会对个体人格的形成产生影响，同时这些部分也可能是收到遗传基因的影响，是遗传基因与个体之间的中介性影响元素，但此部分结构会直接影响到人格系统。

（一）遗传基因

在不同民族群体的研究中，我们可以发现不同族群的文化特征及人格结构具有高度的相似性，且历经多年传承尚未改变，这种强大的延续性则反映出了共同基因的作用力。并且在一些不同遗传基因个体的研究过程中发现，即便是在同一环境下成长的个体，两者之间依然能够表现出巨大的人格差异特征，这也彰显了遗传基因在人格塑造过程中的巨大作用，对于遗传基因的这种特性，一些生理学家与心理学家表现出了相同的兴趣，并对此展开了多种研究。

美国有研究者长期跟踪了一些双胞胎家庭，并且深入观察了一些同卵双胞胎女孩在出生之后即被分开抚养的情境状态。由于被不同的家庭领养，这些双胞胎并不知晓对方的存在，在经过漫长的成长之后，由于双方家庭的后期联系使得双胞胎女孩相遇，却发现彼此之前虽然长期在不同的环境成长，但保持着相似的社交方式和兴趣特征，这种相似性并非是巧合性的存在。欧洲一些学者早在19世纪的研究中就发现了这一特性，只是当时相关的生物科学并不发达，基因的遗传性尚未被发现，所以其研究方向上具有偏差，并未被学界接纳，但对于双生子的研究并未停止。1875年，英国学者戈登发布的双生子研究法被认为是关于遗传与人格相关性研究的首创理论。这种研究方法直接影响到了现在，至今仍被学者广泛应用在双生子研究上。从生理学的角度，双生子主要有两种，一种是同卵同生，另一种是异卵同生。由于同卵同生的双生子由同一个受精卵发育而来，其基因相似度极高，所以对于双生子的研究工作主要围绕同卵双生子展开。

在对于同卵双生子的研究中，有学者发现同卵双生子的相同基因形态使得他们具有相似的人格基础，因此在不同环境造就下的双生子，其人格差异性可以归结于环境的影响，同时人格也具有一定的稳定性特征，其相似性特征可以视为遗传基因对于人格的基础性影响作用。于是通过对异卵双生子的研究也可以更加明显地对比出遗传基因在人格塑造方面的作用。

截至目前，不同领域的科学研究已经获得大量成果，得以证明基因对于人格的影响作用。但这种基于基因的先天性特征所塑造的人格特点更多是人格体系中的原始性部分，除此之外，人格中文明性的内容依然需要依赖于环境的塑造作用，因此稳定的人格结构是由基因与环境共同造就的。

基因带来的先天性特征是遗传中所主导的主要部分。人体的基因序列决定了体内的激素分泌量，而激素的质量直接可以影响个体的人格状态，这种由基因间接发挥影响作用的人格结构体系依然被视为基因的先天遗传特性。

基因除了先天性的特点还具有一些后天习得特征，表现人性特征的人格也含有先天性与后天习得性的综合特点。基因在个体的人格发展中发挥着基础性及主导性的作用，成为了人格发展的根基和驱动。这种驱动得益于遗传基因的自我复制特性，这种特性与生物体的环境习得性相结合，使得人类的文明特征得以长久地维持。

随着基因工程的快速发展和成熟，人格研究者逐渐意识到多元化的基因结构可能与人格结构的多元化类型有着联系，于是心理学者和一些生物科学工作者的共同研究中开始将人格放入到基因的层级进行分析。截至目前的所有研究成果中，已经发现了有十多个可对人格构成直接影响和作用的基因组，据估计，对人格结构构成影响的基因组可能会起过500个。

最近有研究成果表明，人格特质中的抑郁、自我意识、焦虑和脆弱受到单一基因的影响作用，这个基因的影响作用直接关系到人格结构的形成，并且此基因的变异对于人格的特征表现有着直接性的作用。这组基因位于retina的第十一条染色体中，被命名为BDNF基因，这个小型基因通过基因编码产生的蛋白质直接促进神经元的生长，基因以神经元为媒介，对人体的感知系统施加这种直接性的影响。就如同移动设备中，核心处理器通过影响相关元器件的功耗，对设备的整体性能构成直接影响。

随着分子遗传学的发展，通过基因测定的方法对DNA进行微观层面的分析，可鉴别那些对人格产生遗传影像的基因。由于人的基因组较多，且基因检测效率较低，使得基因检测具有一定的技术局限性，同时一些全基因关联研究结果显示，没有任何一组基因能够解释人格中的神经质的变异性特征。这种情况说明人格中神经质的遗传性可能是由多个基因组的某些位点共同发挥作用，也有可能是神经质并非是通过基因的形式进行遗传的。

（二）生理因素

由于生物的特性，人体内一直保持着各式各样的生物化学反应。并且人的思维与行为都是依赖于各种生物化学反应得以持续和发展的。人体分泌的激素对于人体的神经反应有着直接影响，这种神经反应直接关系到个体的感知系统，通过对感知的间接作用，人体的生化反应影响到人格塑造。

美国一些研究机构在对精神病死刑犯的研究中发现，这些罪犯的生理特征与正常人之间有着较为明显的区别，具体反映在内分泌系统中，这些罪犯的内分泌系统几乎处于一个紊乱的状态，多种激素分泌失调，使得他们体内的单胺氧化酶A显著高于正常水平，而单胺氧化酶A与生物体的攻击性行为密切相关。通过对暴力型罪犯的研究发现，这些人体内与合成单胺氧化酶A有关的基因序列受到破坏，这种破坏效果传递到神经递质中使得生物体容易产生攻击性行为。此研究结果验证了人体生化因素对人格的影响作用。

二、脑功能因素

一些人格异常者另一方面的重要特征则显示在了外在,即这些个体的外表特征会有一定的明显变化,在传统认知中就有通过面相识人,这也具有一定的科学合理性。由于个体人格特点反映到其感官上会对其面貌造成细微的变化,此种细微的变化一方面是微表情对于人体面部肌肉群的影响,另一方面则是个体行为特征使得其机体长期保持的状态所产生的塑造性影响。

在中国古代社会,算命师会分别通过面相和骨相来判断一个人的品性。而在同时期的欧洲,也有专门的颅相学家通过头部表现的骨相来评估一个人的特征。不管是算命师还是颅相学家,他们都相信头部的骨相与个体的人格特征有着紧密的关联性。颅相学在 19 世纪的欧洲盛行一时,颅相学认为颅骨的形态与大脑的形态紧密相关,通过颅骨所反映出的大脑不同区域的大小情况可以判断出个体的行为特质与思想特征。随着现代科学的进步,颅相学已经被生理学家所摒弃,只有部分学说得以在神经科学中得以留存,但这个理论依旧是将人格与脑部功能特征建立联系的最早的学说。

随着 X 射线的发现并应用到对人体的透视分析中,对脑部的扫描使得人们对大脑结构有了更加清晰的认知。随着技术的不断进步,现在脑部扫描技术已经发展出了多种形式,如脑电图、核磁共振等,每种技术的产生都给人们研究大脑与人格的相关性带来了突破性的进展。当前生理学家已经通过研究证实了脑损伤对个体人格的影响作用。此类研究证实了个体大脑与人格结构的相关性,并且启发了生理学家与心理学工作者将其应用到更多方面。在一些关于脑部肿瘤的手术中,医学工作者意外地发现了人体脑部前额叶的切除会对个体的对抗性人格产生直接性的影响,于是有些心理治疗师将此运用到一些人格障碍患者的康复治疗中,通过对一些严重的精神病患者进行前额叶切除术以消除其危险特征,但是这种手法备受争议,因为前额叶与个体人格的暴力型特征有着直接的影响作用,但前额叶对于大脑整体的功能及人格意识中其他部分的功能的作用仍未被完全了解,这种切除手术是对人权的侵害,因此受到一些学者的强烈反对,这种手术性的心理治疗方法也被一些人权组织视为侵害人权的行为,被加以抵制。

第二节　人格与环境

一、人格与家庭环境

教育学家陶知行曾提出:“教人要从小教起。幼儿比如幼苗,培养得宜,方能发芽滋长,否则幼年受了损伤,即不夭折,也难成才。”相关研究证实,在关于人格形成与发展的众多影响因素中,家庭因素的重要程度居首位。一个人的思维方式、情感态度、解决心理问题的路径以及社会交往的态度等,都离不开家庭环境的影响。除了先天性生理因素,家庭环境是孩子出生之后人格形成中面临的第一道程序,在这一程序中,父母按照自身人格与教育意愿对孩子进行养育,推动着孩子某些人格的形成。

(一) 父母人格与教育方式

人格是人身上根深蒂固也具有外显性的东西,因此父母在对孩子实施教育时,不可避免地会将自身人格显现出来,并对孩子的人格形成产生影响。甚至一些父母按照特有目标和模型对孩子进行培养。孩子在形成自身人格的过程中,第一步是对父母言行的无意识模仿。父母的人格特质会直接作用于孩子的人格,如过于焦虑的父母更容易培养出同样处于焦虑紧张状态的孩子,父母整日坐立不安、忧心忡忡也会使孩子处于恐慌之中;感情充沛的父母会鼓励孩子积极进行社会交往,教导孩子拥有积极向上的人生态度,会鼓励孩子的利他认知模式和行为方式,有助于孩子形成正面的情感态度,拥有良好的人际关系;攻击性强的父母则很容易使孩子模仿其攻击性态度和行为,并产生“这一行为是正常的”这种错误的认知,从而孩子也具有了攻击倾向。

父母人格不同,孩子因其影响所形成的人格特质也有所差异。在父母人格的类别上,相关研究将其分为权威型、放纵型和民主型这三种人格。权威型父母最显著的特征就是面对孩子具有十足的掌控欲,渴望全面控制孩子生活,希望获得对孩子人生的支配权力。而被父母过度掌控的孩子,大部分具有胆小、懦弱、自卑、被动、不积极、逃避、退缩等特点,另外父母对其要求过高与惩罚过多也容易导致其逆反心理和消极的人生态度,甚至为了逃避惩罚而养成说谎的行为习惯。放纵型父母对孩子言听计从,几乎可以满足孩子的一切有理或无理要求,对孩子过度溺爱不设底线,对孩子的教育逐渐失去控制。在这种家庭中成长的孩子容易形成自私自利、冲动易怒、粗暴无礼、以自我为中心、幼稚、难以独立等特点。民主型父母注重与孩子平等相处,倾听孩子意见,尊重孩子需求,留给孩子足够的发挥空间,适当加以引导,善于营造平等、自主、文明的家庭氛围。在这一环境下长大的孩子容易形成积极向上、善良、正直、乐观、富有同理心等人生态度,同时在性格方面具有正面倾向,形成如活泼、爽朗、合作意识强、独立、坚强等特质,同时在进行社会交往时往往能与他人相处愉快。在这三种父母所具有的人格类型中,民主型人格对培养孩子的健康人格最为有利。

学者 Kagitatcibasi 对父母与子女之间关系的独立与依赖程度进行了分析,按照程度高低将其教育方式划分为 X 模式、Y 模式与 Z 模式。

X 模式家庭中父母与子女具有在物质与情感上双重性的相互依赖特征,是集体主义模式,父母将孩子视为自己生命的重心,全方位在物质和情感上对孩子给予支持,同时要求孩子对自己顺从,并注重在孩子身上寻找心理上的依靠,在自身丧失物质能力后则主要从孩子处获取支撑。这一家庭模式尤以日本和韩国家庭最为典型。母亲致力于维护与子女之间的亲密关系,认为只有父母与子女之间相互依赖、感情联系紧密才能使子女健康发展。然而在这一模式中,父母使孩子过于依赖他人,没有充分培养孩子的独立能力。

Z 模式家庭则与 X 模式家庭恰恰相反。在这一类型的家庭中,父母与子女在感情和物质上都保持独立性,属于个人主义模式。这一家庭模式的主要代表是美国和加拿大。其家庭中的父母认为只有发展孩子的独立性,才能培养其健康人格。因此,父母会让孩子自由发展,保证父母与子女双方的独立空间,确保互不打扰、互相分离。这一模式有效地培养了孩子的独立能力、创造物质财富的能力,但也在一定程度上造成了双方情感的缺失,不利于建设双方之间的亲密关系。

Y 模式是 X 模式与 Z 模式的结合。这一类型的家庭注重父母与子女之间在情感上依赖彼此,而在物质上保持独立。父母有意培养孩子的社会发展能力,同时建立与孩子之间的亲密关系,因此在这种家庭环境下成长的孩子,既独立自主,又在意家庭,能够获得归属感和情感寄托。这一模式对培养孩子的健康人格最为有利。中国和土耳其家庭是这一模式的典型代表。以中国为代表的发展中国家,具有集体主义的发展背景,在经济上又不断发展现代化,因此其家庭模式更容易贴近 Y 模式。

我国多年来实行计划生育政策，导致现代家庭大多是独生子女家庭，父母对子女的教育不可避免出现了过度保护与溺爱的问题，不利于培养孩子的健康人格，并容易导致孩子形成不良人格。这种父母与子女的关系主要在三个方面存在缺陷：一是父母与子女之间的距离保持不当，没有给孩子独自生活的空间；二是对孩子过度照顾，没有培养孩子的独立能力，即便在孩子成年之后仍在衣食住行方面为其打点好一切；三是阻止孩子独立自主。父母对孩子的过度保护可分为两种方式：一种是过度放纵孩子的行为，对孩子的无理要求尽其所能满足，这一方式会导致孩子形成自私任性、暴躁易怒、以自我为中心、漠视他人感受、做事没有底线、道德感差等性格特点；第二种方式是父母对孩子过度支配，让孩子完全按照父母的要求和指示生活，这一教育方式容易导致孩子形成胆小懦弱、温和顺从、礼貌待人、学习努力、缺乏独立自主性、逃避竞争等特点。

培养孩子的健康人格，非常重要的一点就是塑造孩子的独立能力与自主能力，独立自主是孩子拥有健全思维、竞争意识、完备技能与道德意识的前提条件。麦克兰德等人在研究中发现，父母训练孩子独立生活、独立学习的能力并不断强化其独立行为，有利于推动孩子在社会生活中取得更好的成绩。如孩子在学习生活中，父母给予鼓励会让孩子对学习更有动力、更有信心。而如果父母对孩子的学习采取漠视态度或者对孩子要求过高、经常采取惩罚措施等，会影响孩子对学习的积极性，甚至产生叛逆心理，逃避学习。

总之，父母的人格特质与教育方式会对孩子的人格形成产生至关重要的影响，父母采取合理健康的教育方式，有助于孩子形成健全人格；父母采取不当的教育手段，则有可能使孩子形成人格障碍。

（二）童年经历

童年经历在人格的形成中发挥着重要作用。而孩子在童年时期接触最多的人是父母，对孩子的成长有绝对话语权和最大影响力的人也是父母。同时在大多数家庭中，母亲与子女的接触时间要远远多于父亲，因此母亲对孩子的人格形成有更大的影响。

相关研究表明，童年时期与母亲的相处模式在孩子人格形成的过程中占据重要位置，如果孩子在童年时期与母亲相处时间较少，则容易导致孩子在青春期及成年之后产生社交障碍与情感淡薄等问题，难以维持良好的人际关系。母亲对孩子的态度若是排斥、不喜欢或是经常惩罚的话，很容易使孩子产生自卑感，并在社会交往中不敢与他人过多接触。关于此方面的调查发现，缺乏母亲关注的孩子以及童年时期遭受虐待的孩子在其婴儿或童年时期会出现明显的生理症状，如厌食、呕吐、腹痛、发烧等，同时外在性格表现主要是胆小懦弱、反应迟缓、封闭自我、攻击性强、破坏公物等，另外还很容易出现难以融入社会等问题。斯皮茨以孤儿院中的孩子为样本做了相关研究，研究表明在孤儿院中长大的孩子脱离了与母亲的接触，在其成年之后往往会有人格上的不良特征。如很多孩子会患上“失怙性抑郁症”，主要特征是表情木讷、畏畏缩缩、身体僵硬、经常哭泣等。另外，孩子被抛弃极易导致巨大的心理伤害，甚至会成为反社会型人格障碍者，做出危害社会的行为。

童年经历也会影响到孩子的择偶观念。贝尔斯基在研究中发现，父母之间关系恶劣、教育观念冲突、不够关心孩子、经常拒绝孩子或惩罚孩子、无法提供规律的教育资源和物质保障，很容易导致孩子形成冲动型人格以及过早生育。与之相反，父母之间关系和谐，在教育观念上互相协商补充，积极主动关心孩子成长，为孩子提供物质丰富和精神财富丰富的成长环境，有助于孩子形成富有责任感的人格特质，在择偶观念上也会有担当，且通常婚姻和谐稳定，在生育上属于晚育人群。总之，如果孩子在童年时期的经历不愉快甚至惨烈，在成年之后会产生配偶不可靠的意识，进而会选择多个配偶；如果孩子在童年时期感受到了家庭温暖，在之后自己组建家庭时会渴望拥有一个稳定的配偶。

童年经历对于个人人格的形成与发展具有重要意义，童年幸福有助于孩子形成健康人格，童年不幸则很容易导致孩子形成人格障碍。但这并不是绝对的。父母过度保护孩子也有可能带来孩子人格上的缺陷，而童年的磨难也有可能使孩子在困苦中强大自己。同时还要注意到，童年经历对于人格的形成虽有重要影响，但并不是根深蒂固不可改变的。首先，童年经历是人格形成与发展中的一个因素，而不是决定性因素；其次，人具有独特性，每个人的人格也有所不同，因此童年经历对其人格的形成所起到的作用到底有多大，要具体问题具体分析。对于大部分人群来说，童年经历对人格产生的作用会随着时间的流逝而逐渐减弱。

二、人格与学校教育

哲学家柏拉图曾提出对教育的看法：“一个人从小所受的教育把他往哪里引导，就能决定他后来往哪里走。”学校教育在人的一生中至关重要，某种程度上甚至决定着人的未来成就。学校教育几乎是所有人成长过程中的必经阶段，给孩子带来的不仅是丰富的文化知识，更是对人世界观、人生观和价值观的塑造，因此对人格的形成与发展具有重要作用。儿童、青少年在学校教育中所接触到的教师群体、同学群体等都在共同影响着其人格的形成与发展。

（一）教师与人格

教师以其人生阅历、人格特质、文化知识指导学生的成长，影响着学生的人格特质。在学校环境中，教师对学生而言起着榜样作用，拥有着绝对权威，因此学生会积极主动或者无意识地对教师行为进行模仿和学习，并根据教师的标准对自己的言行进行评价和改正。在教师与学生的长期互动之下，一方教导，一方学习，在此过程中，学生人格形成的过程也在发生着潜移默化的改变。

与个人性格的独特性一样，教师的教学方法也具有独特性，不同的教育方法也会对学生人格的形成发展产生不同的影响。洛奇（Lodge）对此进行了研究，发现教师的性格蛮横霸道、古板专制，会导致其所教导的学生出现说谎等欺骗现象；而教师在教导过程中展现出文明、民主、温和等特点，则会减少学生的欺骗行为。教育学家勒温也针对教师风格与学生人格之间的关系进行了研究，发现当教师在教学管理中以专制风格为主的话，有助于提高学生的学习成绩和完成作业的效率，但对培养学生的自主性是一种阻碍，同时学生在教师压制下会过于依赖教师指示，但也会对教师的专制态度产生不满；教师对学生的管理以放任不管为主的话，会导致学生学习成绩下降，完成作业的效率不高，同时会过于任性，而由于缺少教师的督促，学生花费在提高个人能力的时间和精力较少，这会导致学生经常遇到挫折，遇到挑战也常常以失败告终；教师的教学风格凸显为民主文明的话，有助于培养学生学习的积极性，提高学生学习效率，发展学生独立自由的人格，同时学生对教师也很少会产生不满，一般会积极配合教师的教学活动。

教师的人格特质与学生的人格特质存在多大程度的相似性，会对学生的人格发展产生较为重要的影响。一些学者根据人格特征对教师和学生的人格类型进行了划分，将教师人格划分为自由型、纪律型、人际型。所谓自由型人格是指教师崇尚自由，做事全凭心意，不喜欢被束缚，风趣幽默，没有领导他人的欲望，同时容易冲动行事，考虑较少，控制自己情绪和行为的能力较差。纪律型人格的教师也存在控制情绪和行为的能力较差这一问题，同时这一人格类型的教师不喜冲动，做事谨慎，有计划，面对权威通常是顺从态度。人际型人格的教师主要表现为喜欢进行社会交往，心地善良，对周围环境有较为清晰的认识，依赖程度比较高，严格遵守规则。相关学者将学生人格划分为努力型人格、顺应型人格、抗争型人格三种类型。所谓努力型人格是指学生热爱学习，上进心强，渴望获得他人的高度评价，对自身要求较高，自尊心较强。顺应型人格的学生主要外在表现是注重维持与教师、同学、家人等外界之间的和谐关系，着力于不让教师与家长对自己不满或者采取惩罚。抗争型人格的学生主要外在表现是敢于进行斗争，敢于质疑权威，叛逆心理较强，常有与众不同的选择或行为。

学生与教师的人格是否匹配会在极大程度上影响学生的人格发展，匹配程度越高，越有助于提高学生的学习成绩，发展学生的健全人格，二者呈正相关关系。努力型人格的学生与教师的三种人格类型都有较高的匹配度，因此这一类型的学生在学习生活中具有比较稳定的表现；顺应型人格的学生与自由型人格的教师在相处中最为和谐，此时能够最大程度发挥学生潜力，有利于提高学生的学习成绩并发展健康人格；抗争型学生与纪律型教师较为匹配，这一类型的学生以反抗权威为主，而这一类型的老师往往不进行权威压迫，因此二者能够和谐相处，使抗争型学生学习的积极性提高。

在学生人格的形成和发展中，还有一个不容忽视的因素是教师对学生的期望与要求。罗森塔尔效应对这一观点进行了证实。心理学家罗森塔尔在1968年和雅各布森进行了一项经典实验。实验在一所小学进行，他们对学校领导和教师宣称他们手里有一份高智商学生的名单，毫无疑问这份名单是假的，上面只是班级里的普通学生。然而学校领导和教师对此并不知情，接着教师对这些"高智商"学生寄予厚望。罗森塔尔与其助手时时关注着这场实验，并定期对学生的课堂表现进行记录，在学期结束以后，罗森塔尔对这所小学的所有学生进行了一次智商测试。测试结果表明，名单上的"高智商"学生竟然真的在智商分数上高于其他学生[①]。产生这一结果的重要原因是教师把他们当成了真正的高智商学生，并将自己的这一认知通过表情、行为、言语等传达给了学生，这对学生来说是一种激励，提高了他们的学习积极性，增强了他们的自信心，使他们对自己要求更高且更为努力，从而获得了学习上以及思维方式上的进步。出于对罗森塔尔这一权威的信任，教师对学生的期望不是虚假的，而是真心认为他们具有高于常人的智商，这一期望投射到学生身上，使学生感受到了教师的真诚与关爱，因此不辜负老师的期望，学习动力也就更强。罗森塔尔实验证明了教师的期望对学生的成长与人格的发展具有重要作用，教师的积极期望对学生

---

① 资料来源：阿伦森．社会心理学[M]．侯玉波，译．北京：北京大学出版社，2005.

具有很强的激励作用。

（二）同龄伙伴与人格

学生在学校环境中接触最多的人群是同龄伙伴，可谓朝夕相处，形影不离，因此学生同伴对其人格的形成与发展也具有十分重要的影响，其影响力要超过教师所带来的影响。校园作为个体成长发展的重要环境载体，赋予了众多个体在人生历程中重要的人格特质，但这些特质并非是绝对正向的。由于学校环境的社会化特征，除了教师与学生的群体区分，在学生内部依然存在着多种小型群体，这种小型群体更像是阶级社会的缩小版，会有统治阶级、被统治阶级、合作伙伴、敌对分子等。在这种简单而又复杂的环境中，中小学生受到了除了基础教育之外的社会“教育”，他们会逐渐在与同龄学生的接触中形成自己的初级社会认知，并会根据不同性格个体的群体接受度来判断怎样的处事方法能够在这个环境中得以“生存”。在此过程中，个体的人格结构受到主客观的多方面影响逐渐形成。

虽然说大部分同龄学生对于个体的成长能够起到一定的促进作用，但少部分的权威者在学生中扮演着不良的角色，这些不良者针对个体施加的行为会对这些学生的人格特质产生重大的影响。有研究机构针对在校学生的调查研究发现，很多学生并不喜欢那些成绩优异、品质良好的学生，而是“喜欢”那些风头十足的学生“混混”。近年来不断发生的校园暴力事件凸显了校园环境的恶劣，需社会各界予以足够的关注，重视校园环境对学生人格的指导性作用。

三、人格与社会环境

（一）社会文化与人格

苏联心理学家列夫·谢珧诺维奇·维果茨基（Лев Семёнович Выготский）认为人格与高级心理机能同步发展，人格和高级心理机能一样起源于社会，离开社会的影响，人的高级心理机能和人格就不能健康形成。毋庸置疑，人的社会性决定了其人格的形成离不开社会文化的作用。人的一生是在社会中度过的，其价值观念、思维方式、社会交往态度等都会受到所处文化环境的影响，社会文化决定了道德底线，决定了社会通用的是非观念，决定了社会风气，因此可以说人在很大程度上是由社会文化塑造的。这种塑造在人们的日常生活中缓慢进行，潜移默化，人们甚至尚未察觉到这一塑造过程，却已深受其影响。并非所有人都能适应这一进程，因此能够按照社会文化的倡导进行生活的人会获得满足感，而试图反叛社会主流文化的人则会因与社会格格不入而感到痛苦。在这个或满足或痛苦的过程中，人们的人格渐渐形成与发展。

在特定的文化背景中，社会文化对其社会成员有着几乎一致的要求，因此在对社会成员人格塑造的过程中，致力于形成统一的人格结构。不同的社会结构中，社会文化所形成并受到社会成员普遍认可的价值观念、行为模式、思维方式等都具有各自独特的色彩，在这一文化环境中生活的社会成员自然受到潜移默化的影响并深入骨髓，打下了该文化的烙印，并以此为依据安排并评价自身行为。以美国和日本的大学生对词汇的使用情况为例，在对自身进行描述和形容时，美国大学生倾向于使用形容词，如我是正直的、善良的等这些抽象词语，而日本大学生倾向于使用描述个人喜好的或是与活动有关的词汇，诸如我喜欢吃寿司、我喜欢去滑雪等。

社会文化在什么程度上影响社会成员人格的形成和发展，主要取决于社会文化在社会成员中的认可程度与权威性，以及其社会意义是否能够满足社会成员的需求。某一行为的社会意义越大，社会文化就越有制约性，二者呈正相关关系。当一个人的言行或者思维方式与社会文化所要求的方式相距甚远或者相叛离之时，可被认为具有不良人格，患有人格障碍的人群则会更快地被社会主流文化所排斥。

（二）社会阶层与人格

社会整体文化对人格的形成具有十分重要的影响，但不是说人格的形成与发展全部由社会整体文化所决定。社会整体文化能够最大程度地以约定俗成的道德规范、法律章程、价值观念等对社会成员的行为进行约束和倡导，但并非所有成员感受到的文化氛围与行为要求皆相同，因此人格的形成与发展还要受到个体所处社会阶层的影响。所谓社会阶层，是社会成员在其家族背景、经济收入、社会地位等多重元素作用下所处的社会圈层，拥有相同元素的社会成员则组成一个社会阶层，在这一阶层中，成员们有着相似的价值观念和行为模式。因此，研究人格的形成与发展，离不开对社会阶层这一因素的考察。

美国社会学家华纳按照经济收入对美国社会进行了阶级划分，分别是上层阶级、中层阶级和下层阶级。上层阶级是社会这一金字塔的塔尖，属于顶层阶级，人数所占比例最小，约2%，成员主要为商界领袖和顶级富豪，因经济水平高,手握巨大财富,无需为温饱问题发愁,因此他们在消费上较为奢侈,在事业和其他领域注重发展自身兴趣;中层阶级所占比例约43%,其成员主要是有稳定收入和专业技能的人员,通常拥有一份稳定的职业,收入在全体社会成员中处于中等水平,因此他们在保证收入稳定的情况下更有上进心,渴望提高生活质量;下层阶级所占比例最高,约55%,其成员主要特征是文化水平不高、专业技能不强,因此多从事较为底层的职业如技工、生产工人等,甚至是没有专门职业而靠领取救济金生存的人,因没有足够的知识能力,难以提高自身收入,在消费上也较为拮据,生活的贫困往往使其人生态度倾向于消沉。

社会阶层对人的行为方式有着十分显著的影响。森塔斯对此进行了研究,研究结果表明,上层社会成员渴望维持自己现有的社会地位和收入水平,因此行为以保守为主,而中层社会和下层社会的成员不满足于现状,渴望改变自己和家庭的经济水平,改善生活质量,提高社会地位,因此其行为方式表现较为激进。

(三)民族文化与人格

在长期的历史进程中,各民族形成了其特有的文化,在民族文化的熏陶下,各民族的性格特征也不尽相同。所谓民族性格,是指在特定的民族文化背景之下所形成的大部分社会成员所具有的性格特征与人格特质。当前世界有多个国家,而每个国家由不同的民族组成,因此全世界有着众多民族,各式各样的民族文化充斥其中。民族文化是人格形成与发展过程中不容忽视的一个重要因素,民族文化不同,所形成的人格特征表现形式各异。米德将新几内亚的三个民族作为样本对民族文化与人格特质之间的关系进行了研究,在研究中发现,即使拥有同一个祖先,在分散为不同民族后也会形成不同的民族性格。阿拉比修族的生活地点为山丘,民风淳朴,其民族成员热情友好,相互帮助,形成了和谐的族内关系,且男女地位平等;孟都拉姆族生活在河川地带,主要生活来源是狩猎所得猎物,族内成员较为彪悍,且竞争意识强,人情意识淡薄,时常上演权力争夺战;张布里族生活地点为湖泊地带,该民族的主要组成部分是女性群体,男性地位低于女性。该研究充分证明了民族文化在人格形成过程中所发挥的不容忽视的作用。

民族文化的形成离不开自然条件的作用,因此民族性格也会受到诸如地理位置、气候环境、空间大小等自然因素的影响。巴理对此进行了研究,以因纽特人和特姆尼人为案例进行了比较分析。因纽特人没有固定的生活地点,其生活常态是流浪，主要以打渔和狩猎为生，夏天以打渔生活为主，冬天以狩猎生活为主，因此该民族随着季节的变换变更着生活地点，民族性格彰显出冒险精神。因为没有固定住所，他们没有建造房屋，主要生活在帐篷之中。流浪生活导致了松散的社会结构，因此他们没有长期持久的政治生活。物资的匮乏使得父母对子女的教育主要集中在生存技能的训练上，子女的人格特征以独立、坚定为主。而特姆尼人的生活则与之相反。特姆尼人的生活来源是农业，拥有固定的生活场所，村落聚集，形成了稳定的社会结构，制定了社会成员共同存在的规范。这一民族环境要求成员服从权威，维护既有的生活环境，按部就班地进行劳作和生活，因此该民族成员具有保守、服从等人格特征。

有这样一个案例，一对双胞胎兄弟刚过完 6 周岁生日，父母带他们到朋友家玩，刚好这个朋友手边有套测试儿童智商的题，出于好奇，就给这对双胞胎同时做了一次智商测试。测试结果让人大跌眼镜，哥哥吴强的智商居然高达 131，远远高于同年龄段的孩子；而相反，弟弟吴明的智商接近于弱智。

本来是无心之举，而双胞胎的父母却非常当真，认为吴强平时活泼机灵，与其高智商吻合，而吴明胆小木讷的表现也印证了其弱智的事实。为了能让两个孩子都成才，当天晚上父母就商量好了以后的教育方针，尽量满足天才儿子的发挥，同时努力纠正弱智儿子的不足之处。

吴强，在父母的骄纵中长大，认为自己是天才，天才是不需要费力的，不思进取，到头来一事无成；吴明则在细心的教育中长大，知道自己不够聪明，于是不断地努力，最后竟然在自己所从事的生物学界做出了一番出色成绩。

总之，人格的形成和发展不是某个因素单独决定的，而是多个因素共同作用的结果。遗传因素只是人格形成和发展的先天因素，是基础。以上案例说明不管是天资有多好，后天的良好教育同样很重要，不管先天是否存在问题或不足，经过后天良好的环境与教育可以弥补。校园教育和家庭教育是人格形成和发展过程中最重要的因素，社会环境则从外部对人格的发展产生推动作用。

第五章　健康人格培养与教育

人格是个体精神世界力量的集中体现，对于社会而言，社会组织内部成员的人格特征是社会发展的灵魂所在。因此，个体的人格特质与状态特征直接影响到社会的文明发展与文化进程。关于社会，恩格斯说过一句话：时代的性格，主要是青年的性格。这反映出了下一代年轻人的人格特点与时代命运的高度相关性。因此，当代儿童及青少年的健康人格培养工作显得尤为重要。并且，培养儿童及青少年的健康人格不仅是社会发展的需要，还是义务教育阶段中小学教育的迫切需要。

大学生作为当前社会经济发展的中坚力量，是青年人才的主体，为充分发挥其关键作用，也需要加强社会价值观的培养，使其形成良好健康的人格。大学生的人格健康程度直接关系到当前社会发展的情况，特别在当前国内外环境风云变幻的复杂环境下，加强大学生的健康人格培养工作尤为迫切。

第一节　当代儿童及青少年健康人格培养的意义

随着人格研究理论的不断发展，人格教育理念逐步产生并运用到社会生活的多个领域。在教育领域，如何对儿童少年进行健康人格的培养更是一个重要的研究课题。人格的塑造是一个长期的过程，中小学阶段是个体人格发展的重要时期，此阶段人格具有极强的可塑性，因此加强对儿童及青少年健康人格的培养极其重要。

随着时代的发展变化，当前社会竞争的核心已经成为了人才素质的竞争。不仅要求人们要有较高水平的科学文化素养，还要求人们要具备良好的思想道德修养，思想道德反映在个体中就是人格的特质特点。儿童少年是祖国的花朵，对于社会未来的发展有着直接性的影响，因此加强对中小学生的健康人格教育培养工作极为重要。

随着素质教育理念的贯彻深入，国内一些研究者和教育工作者对中小学生的心理健康情况进行了调查研究，结果令人震惊。据不完全统计，当前国内超过 1600 万人患有心理疾病，其中超过三分之一是儿童及青少年群体。在一些地区的学校中，中小学生的心理障碍患病率高达 30%，形势堪忧。

由于当前处于社会发展变革期，社会形势多变，国内外形势复杂，并且随着信息社会的发展，中外多元文化的交汇对处于成长阶段的儿童及青少年造成了巨大的冲击。目前国内儿童及青少年的人格障碍问题呈现出以下五方面的特点：一是价值观迷失，崇尚西方文化中的个人主义，集体意识不足，对社会有抵触情绪；二是道德滑坡严重，功利心极强，致使道德沦丧，排斥传统文化美德；三是爱国情怀不足，在西方文化及价值观影响下，青少年呈现出对党和国家的抵触情绪，缺乏民族意识；四是德智不协调发展，人格存在缺陷，即便是一些专业知识水平较高的学生，由于缺乏道德意识，甚至会沦为高智商罪犯，给社会的发展带来了严重的不良影响；五是审美意识较差，盲目跟随西方的审美取向，对国学精髓嗤之以鼻。

这些问题直接反映出国内当前儿童及青少年素质教育方面的不足，从某种层面上也是由于当前社会发展中对于人格培养的忽视所造成的遗留问题。青少年的人格健康程度直接关系到国家未来的发展水平，因此不仅学校、社会，各个层面都需要加强对儿童及青少年人格问题的重视，并要紧密配合，共同努力提升青少年人格素质水平。

同时随着社会的逐渐发展，社会生活中的压力在不同年龄段群体中来回传递，由于儿童及青少年人格结构尚未发展成熟，致使其无法面对和承担太多的压力。面对生活中紧张度不断提升，其心理的焦虑与紧张情绪会逐渐放大，进而对其脆弱的人格造成损伤。儿童及青少年群体是社会发展的未来，应通过良好的人格教育，培养其形成健康的人格，以适应社会发展需求。

一、西方的儿童及青少年人格发展研究

西方社会中关于人格的研究起步较早，但长期只围绕成年人群体进行人格分析和研讨。直到 20 世纪末 21 世纪初，随着联合国对儿童发展权利的重视，才有少量的人格研究者和教育工作者开始关注婴幼儿及青少年的早期人格特

质发展情况，并将个体早期的人格差异与成年时期的人格特质进行关联分析。

一些学者随着对儿童人格研究工作的深入，针对儿童群体的人格特点提出了儿童人格发展的等级序列稳定性、人格特质均量变化、个体人格差异等三个层面。

（一）儿童人格发展的等级序列稳定性

关于人格的等级序列稳定性的研究是将人格特质放在时间轴上选取两个时间节点进行对比评估。通过等级序列的差异值衡量个体中的某一人格特质在特定时间段内的相对稳定性特征。等级序列的稳定性测量方法被环境造就论学派和本质主义学派广泛应用，但两个学派关于其具体应用上有着截然相反的看法。环境造就论学派的研究者提出人格中的各类特质是随着生活的发展及个体社会角色的不断变化而不断调整的，在此情况下等级序列的相关性在个体及外部社会快速发展变化的环境下实用性较低。儿童和青少年处于人生的初期阶段，此阶段呈现巨大的发展变化，环境的巨大变化性特征决定了人格特质不具备相对稳定性。而本质主义学派则强调个体的人格特质是由内而外散发的独特气质，与环境因素无关，且随着时间的推移，其变化特征并不明显，因此采取等级序列的相关测试具有一定的可行性。虽然儿童和青少年处于快速发展与人格塑造阶段，但个体中的人格特质具有相对稳定性，依然可以通过等级序列测试进行衡量。

不同学派针对儿童及青少年的追踪性研究并没有对哪一方形成决定性的支持论断。但有些研究发现个体从儿童期到青少年期的重测信度系数随着时间变化的数据波动并不明显，反映出儿童青少年的人格稳定性比之前学者假设的高。一般都认为儿童及青少年时期是个体自我认同与社会认知快速发展变化的阶段，这个阶段人格中的各特质会被迅速影响，直接重塑，但事实上，个体的人格在此阶段中保持了惊人的稳定性。由此可见，个体人格的稳定性与可变性是相对统一的，虽然会随着社会环境因素的变化而产生相应变化，但也保持了人格特质的相对稳定性。

人格特质在儿童及青少年阶段的相对稳定性特征，反映出此阶段所塑造的人格特征对个体整个成长阶段的重大影响，因此加强对儿童及青少年人格培养工作的重视显得尤为重要。个体人格特质的变化是由于儿童及青少年阶段的社会经验与个体认知所带来的影响，进一步凸显了社会在此阶段的重要影响地位。

除了上述的测量法之外，有些学者采取了直接访谈的形式对儿童及青少年的人格特征进行分析。对儿童人格中的各相关特质进行了细微的分析，研究发现在儿童(5～12岁)群体中，随着年龄的增加其个体人格特质中的公正性会逐渐提升，在年龄跨度进一步放宽之后发现了明显的公正性的提升与外向性的下降。且11岁和12岁的儿童人格与8岁和9岁儿童的人格评定结果相比呈现出更高的相近性特征。

除了年龄因素对儿童人格的影响，文化环境对儿童的人格发展也有着较大的影响作用。东欧的一些研究者针对不同文化种群进行研究，重点考察了文化环境对儿童人格特质发展的影响。研究者采取了自我与父母共同评定的儿童个体差异问卷，选取了斯洛文尼亚儿童群体与俄罗斯儿童群体进行调研，并比较两种文化种群的儿童人格结构特点，最终发现斯洛文尼亚的儿童比俄罗斯儿童有着更加明显的外向性、开放性和公正性的特点，这种差异甚至可以在1～2岁的幼儿身上观察到，并且随着儿童的成长及被社会文化环境进一步熏陶，这种差异性特征更为明显。

（二）儿童及青少年人格发展的个体差异性

对于儿童及青少年的个体人格差异而言，这种差异性主要体现在不同个体的人格发展方向、成长速度与变化阶段上。

由于不同个体的生理发育具有一定的差异性，所以不同个体中的某一人格特质也不会在同一个时间节点上发展到共同的成熟阶段。为了进一步对比出儿童及青少年人格发展的差异水平，国内外的研究者主要围绕儿童及青少年的性别差异性展开人格的分析研究。

有学者采用了元分析的方法对3个月至13岁的儿童人格特质进行性别差异化的研究。发现在同一年龄段中女孩的控制力显著高于男孩，即表现在个人欲望抑制及感知敏感性方面，而男孩的活跃度则比女孩较高，即在活动性与对某种外部刺激的兴奋度方面具有显著的差异。在一些负面情绪的控制管理上则未发现有明显的性别差异特征。这些儿童所表现出的气质特征一定程度上反映出了儿童成长阶段的环境条件与生理基础，对后期的人格成长发展有着紧密的相关性。

与对儿童群体的研究相似，研究者对同一个研究群体展开了持续性的追踪研究，在其12岁至18岁的青少年阶段详细探讨了人格特质发展的性别差异性。最终研究表明男孩的外向性特征变化并不明显，反而是女孩的外向性比例有了快速的上升，并且男孩的情绪稳定逐渐增强，而女孩的情绪则更加敏感。这种情况与男孩、女孩的第二性征的发育有着一定的关联性。同时研究者继续沿用了个体差异问卷，采取父母评定的方式对斯洛文尼亚和俄罗斯青少年的人格差异进行分析。在两个文化种群中，父母都认为自己的女儿更为体贴和服从，并具有一定的组织性，而儿子则更加活泼并具有反抗性。

在针对儿童及青少年的人格发展研究中，西方研究者多采用问卷调研的形式并针对同一研究对象展开长期的追踪研究。这种方法能够更加准确和直观地展现儿童及青少年在不同成长阶段人格的发展变化轨迹。同时也可以详细地对性格差异与文化种群的差异性特征进行探讨，但由于这种研究样本较为狭窄，并且其研究主要着眼于对儿童人格特质的稳定、变化特征和性别及文化差异的探讨，在儿童及青少年的人格塑造影响因素上的研究分析存在空白，并且没有解释个体人格稳定性及发展中的内外部机制的影响作用。

二、我国的儿童及青少年人格发展研究

国内随着素质教育的全面展开，为良好地开展学校教育工作，相关的心理机构与临床研究者开始对儿童及青少年的人格发展进行研究。我国的教育体制及心理学研究机制主要是在对俄罗斯的相关研究借鉴的基础上发展而来的，我国在对儿童及青少年人格发展的研究方法上主要采用了俄罗斯的故事测验法与问卷测量法。

国内的相关问卷调查主要采用了艾森克儿童版人格问卷及其他国外已成熟运用的测量量表。国内相关学者采用艾森克儿童版人格问卷对部分城市的4～6年级的小学生人格特质因素进行研究测量，发现国内小学生的人格特质中的内向稳定特质偏高，而外向性特质较低，并且在不同性别中男孩相较于女孩而言存在更多的内向不稳定性。在此基础上研究者对城市地区7～13岁的中小学生人格特点进行研究发现，国内此年龄段的儿童大部分长期处于持续的焦虑、紧张状态，且男孩的神经质与情绪性特征显著高于女孩。这种情况一定程度上和国内的应试化教育特点有关，沉重的学业负担和考试压力使得中小学生长期处于一种焦虑状态，这种持续性的焦虑状态极大影响了儿童及青少年的人格塑造和发展。

为对儿童人格进行跨文化的研究，有学者采取了童话故事测验法，并且比较了中外7～10岁儿童人格特质的各项差异。研究发现中国的儿童在物质需

求、情感需要、矛盾性、互助性等方面显著高于希腊地区的儿童，表明了儿童人格发展的社会文化属性特征明显。并且在对中西方儿童的人格发展测验中发现，国内的儿童在自制性与集体性上显著好于澳大利亚的儿童，表明了幼儿人格的发展与社会文化价值观倾向的影响紧密相关。

儿童及青少年阶段是个体人格发展与成长的关键时期，生理特征的不断发育成熟及社会环境的发展变化都会引起个体人格中的不同特质的变化，因此对儿童及青少年健康人格的培养需要社会中多个层面的共同发力，以推进儿童及青少年的健康成长。

第二节　当代大学生健康人格培养的意义

对大学生的人格培养是一项系统性的长期工程，且需要科学和正确的理论进行指导。并且在对大学生的人格培养工作展开具体实践之前，需要对原有的人格培养理论进行学习和分析、在对相关理论体系及方法论进行掌握和积累后，积极地推动实践的发展。

一、大学生健康人格培养的相关理论基础

（一）马克思主义理论中关于大学生人格培养的观点

马克思主义哲学体系中围绕人的本质展开了深入的探讨和分析，揭示了个体的存在价值，并提出以人的全面发展为目的来实现对人总体性的把握。

人对物质的需求是为满足生存的需要，而对精神需要的追求则是实现个体发展的需要。大学生的健康人格培养是针对人的精神需要进行服务的，可以促进个体的完整及更好的发展。个体的自主性与自由意志也是人格内容的一部分，同时，它们可促进个体形成健康的人格结构，并在此基础上更好地发挥个体的独创性与个性。

马克思的人学思想中包含了马克思为代表的共产主义者对个体发展的关注，实现人的全面发展不仅是马克思主义人学思想的核心，也是其人格思想现代化的重要体现。人格的全面发展是在社会全面发展的条件下，以推动和促进

社会的和谐发展为目的实现的个人进步，这表明了大学生的健康人格培养具有一定的社会历史性特征。大学生的健康人格培养是以实现个体的历史发展为前提的，这是让个体在整个社会历史背景下，准确地把握社会的需求，并以社会发展趋势及价值需求对自我进行约束。

大学生的全面发展包括其健康人格培养中所需体现的现代化和时代化精神，即实现大学生的全面发展就是大学生人格培养工作的根本性目标。随着时代的发展变迁，当前人才作为社会发展的关键生产性要素，大学生是高素质的现代化人才，可以满足社会发展需求并为推动人类社会的进步添加持续的动力。因此，在针对大学生的人格培养工作中需加强思想政治教育工作，引导大学生养成良好的价值观，并对其行为进行指导，以更好地满足社会发展的需要。

（二）中国传统人格理论中关于大学生人格培养的内容

中华传统文化内容丰富，着重强调天、地、人三者之间的和谐关系，并随着儒家学说的发展，更加重视人性与社会伦理道德的关系，于是整个中华传统哲学体系与伦理道德思想中蕴含了丰富的人格思想与理论成果。这些精神资源的传承和发展使得中国的人格研究理论具有丰厚的文化沉淀，也为现代人格培养工作提供了很多可以汲取的养分。

在中国的传统文化范畴中，人格主要在伦理道德体系中有所呈现。在漫长的历史发展中，传统人格理论对人格的阐述主要是一种社会伦理取向的解读和理解。传统文化中的人格是伦理角度的个体品质与素养的体现，也是个体对社会的责任和价值意识的统一体。在传统儒家学者看来，健康的人格就是君子的体现，即包含着诚信、仁爱等多种优良品格，这种人格学说一定程度上体现了人本主义的思想，现在所提倡的以人为本就是继承了中国传统文化中的人格学说。

随着中国传统文化发展到近代，中西方文化交融，人格这一名词最早应用在中国近代教育工作中，以蔡元培为代表的教育者提出要将培养国民健全的人格作为教育的宗旨。同时蔡元培提出了健全人格教育中包含的四大内容，即体育、智育、德育、美育，这四个方面的思想内容对于当今的社会思想政治教育仍有着重大影响，例如今天所提倡的素质教育就是倡导学生德、智、体、美全面发展，这些思想精华都可以在当前大学生健康人格培养中进行运用。现代以丰子恺为代表的学者提出了人格的三要素，即真、善、美，这三者的完美统一就是健康人格的体现。

中国传统文化中极为重视人伦，并建立了一整套宗法体系来确保人伦理论的实践运用，这种做法在一定程度上压抑了人性的发展，并且扼杀了个体的独立人格，致使封建文化中的纲常关系严重禁锢了个体的人格发展。在数千年的传统文化熏陶下，传统文化中的人伦理论对当前社会中的伦理道德与个体心态有着不同程度的影响，一定程度上制约了当代人格的发展和变革。但看待所有问题要用历史辨证的眼光去看，在此角度，中国传统的人格思想也有着正面和积极的方面，在特定的社会发展环境下，传统的人格思想鼓舞中华民族维护正义，忠于国家，为后人做出了表率。

同时，当代的人格培育不能是无本之木，也要立足于中国的文化传统基础上，但不能仅是传统人格价值的回归，而是综合运用近现代社会核心价值思想，并充分发挥大学生的思想主动性，引导大学生树立良好的价值观，以推进社会的发展和大学生群体人格的健康成长。

二、当前大学生人格的现实情况概述

作为人格发展成长的关键时期，大学阶段是青年的心理与生理走向成熟、人格结构趋于稳定的时期，此时期也是大学生明确未来人生发展目标的关键时期，因此不仅是大学生个人，全社会都需要更加重视大学生人格问题。当前各大高校的教育内容由于主要偏向于专业文化教育，忽略了对学生的人格培养工作，因此需要做好顶层设计工作，将大学生的人格培养纳入到学校的基础教育工作中来，切实服务于新时代中华民族的伟大复兴与中国特色社会主义伟大事业。

当前处于社会发展变革的关键时期，社会呈现结构性的巨大变化，使得社会的整体状态有了新的特点，这种变化直接影响到了人们的现实生活，并会逐渐影响到个体的精神世界。反映在个体身上最根本的影响变化就是人格结构的变化。社会是不断发展变化的，人格也是一个不断变化的过程，社会是个体的集合，个体是社会的元素，两者处于辨证的发展变化关系之中。

首先，社会的发展变化与个体人格的转型存在相互促进和支撑的关系。社会环境为个体的人格发展提供了现实基础和物质根基，在社会的发展变化与生产关系中，这种社会结构的形式会在个体的人格结构中产生映射，并促使个体的人格结构产生社会适应性变化；社会结构的变化为人格结构的发展变化提供了客观环境条件，任何国家或社会的每一次社会结构转型都会引起一代人或数代人的人格结构的调整，人格一定程度上反映了社会所处于的时代精神面貌。例如在美国社会内战后的发展中，分别出现了“垮掉的一代”“失落的一代”等多个代际群体，而国内也有着70后、80后、90后等多个代际群体，这种人格状态的集中反映也表现了社会结构的变化。同样，社会结构的转型也需要个体人格的转型来支撑，两者存在一致的行为特征。在个体无法与社会进行融合发展的状态下，个体会首先被社会所淘汰，而社会无法与个体人格结构形成适应关系的话，整个社会结构则会被个体的集合所颠覆，于是这种矛盾关系的存在不仅会对个体的成长和发展产生不利影响，更会对社会的发展产生毁灭性的影响。

其次，社会环境的变化与个体人格结构的转型之间存在一定程度的相互影响。社会环境的变化是融合了政治、经济、文化等多种意识形态在同一时空内的结构性调整，在此时空环境内，个体的人格需要产生适应性调整以满足新的结构所需，这个过程中所形成的新的个体人格素养和品质有着对过往人格的传承和发展，也有着新的社会关系与文化结构的特质和特征，一定程度上，个体人格的发展受到了社会环境的极大制约。但同时，个体也具有一定的主观能动性，人作为社会中的基本元素，也是社会结构的构成主体，社会环境的发展与结构的变化需要依赖个体力量来实施，如果缺乏个体的创造与创新，整个社会认知水平与文化水平都会难以提升，更不能推动社会合理健康地向前发展。从历史的眼光来看，社会发展的巨大转折过程都是伴随着人类思想的解放与自由意识的发挥而实现的。

在我国近些年的社会发展中，以党的十一届三中全会的召开为标志，我国的社会发展走到了一个重要的历史转折点，社会主义市场经济的逐渐确立和改革开放所开启的社会现代化进程使得中国的社会结构呈现了巨大的变化，同时随着社会生产力的提升和生产水平的变化，人们的生活水平也有了巨大的提升，在此阶段，国外文化涌入，国内原有价值体系和文化观念受到巨大冲击，使得改革开放后的数代人的人格特征和新中国成立初期的社会人格特征有了巨大的差异。随着社会经济水平的提升，人们的温饱问题得以解决，个体呈现出很多具有进步性的人格特质。其主要表现在：

第一，新时期的价值体系。由于社会的巨大发展变化，原有的社会价值体系受到冲击，原有共产主义思想下保守、顺从的国民性格出现了一定变化，并且随着社会经济水平的提升，个体人格特质中逐渐出现的自尊、自信面貌，体现了国民精神的健康向上的良好发展状态。同时，社会主义市场经济条件下资源的合理自由配置，使得公平交易、平等竞争的观念被大家广泛接受，并且随着物质水平的提升，个体对物质的需求更加旺盛，表现出了对现实的不满足感，表现出了巨大的上进心，并由于思想解放，独立自主性在个人生活与社会交往中发挥着更多的作用。由于社会发展的日新月异，创新意识也被激发出来，在这种创新的环境下，社会朝着多样化的方向快速发展，整个社会的价值观得到了重塑，社会更加尊重知识，而个体更加认可集体。

第二，现代化的行为模式。在中国的传统社会中，整个社会的秩序依赖个体的道德修养来维持，整个社会缺乏制度性的约束作用。随着社会主义市场经济体制的建立，市场经济条件下要求每个生产单位都需要一定的独立性和自由度以合理自由地配置资源。同时，为了确保市场经济的正常运作，党和国家也加强了民主法治的建设，社会主义民主法治体系不断健全和成熟。与此同时，随着教育条件的改善和发展，人们的法律意识也不断提升，人们更多地依据社会法律法规约束个体行为，法治意识也逐步深入，融合到了个体人格结构中，个体的社会参与意识也不断提升。

在我国社会发展转型的关键时期，民众价值观念的变化也引起了党和国家领导人的重视，并在教育领域展开了多种类型的改革，高校教育中的人格培养工作也受到了广泛的关注与重视。2005 年，原中共中央总书记胡锦涛就在大学生思想政治教育工作会议上指出，大学生的思想政治工作要以实现大学生的全面发展为目标，深入贯彻落实素质教育内容，实现大学生的思想道德修养、科学文化素养全面发展。在符合社会发展需求和国家人才需求的条件下，对传统的高校教育工作进行改革，加强高校教育中的人格培养工作。

三、当代大学生人格发展的特点

大学生作为社会发展的重要群体，被一个个家庭乃至整个社会寄予厚望，被称作是国家的未来，社会的支柱，也是民族素质的代表和体现，肩负着坚巨的历史责任。

同时，大学生处于个体认知、人格发展的重要阶段。大学生在学校的学习不仅是进行个人知识积累，还是个体人格发展塑造的重要阶段。大学生在校时间长达三四年甚至更长的时间，这个时期是个体人生的重要阶段，是向成年人和社会人转变的重要阶段，此阶段所形成的人格结构具有一定的稳定性，对日后走入社会的发展具有重要影响。

大学与高中不同，大学较为注重培养学生的独立自主学习能力与实践能力，此阶段摆脱了素质教育中的应试化特点，更加着重于实践需求，强调发挥学生的自主性。但这种环境对于很多经过高考后的大学生而言，环境突然放松，面对如此宽松的环境很多不良思想趁虚而入，给大学生的人格发展造成了不良影响，因此高校的思想教育工作需要着重对大学生的人格培养展开广泛的研究和深入的指导。

我国的大学生群体在校阶段主要分为三个时期，即入校适应、稳定发展和就业准备。对于大学中的入校新生而言，由于生活环境的变化，个体的人际关系也有了很大改变，大学中的学习方法和生活习惯与高考前相比有了巨大的变化，使得学生的心理状态失去了原有的平衡。轻松感与压力感交织、自信与自卑交汇，给入校新生的心理带来了巨大的冲击。这就需要高校教育工作者及时对入校新生展开关注和心理指导工作，使大学新生能够良好快速地适应大学生活，促进大学新生人格健康发展。否则，可能造成大学生的人生观和价值观不良扭曲，对其人格的发展极其不利。

在经过入学早期的适应过程之后，大学生的在校生活会稳定发展，社团活动和学校中的各类实践课程，使得大学生的求知欲进一步被激发，学生的自我认知也更加成熟，整个个体的人格发展会趋向于稳定和成熟。由于大学环境的社会化特点，在此阶段，大学生不断面对各类问题，逐步形成了个体的人格特质。

在面临毕业季的时候，大学生的学生角色将会转变成社会职场人，此阶段的大学生有着就业压力、答辩压力等多种压力，在此时期有着巨大的焦虑和冲突感。虽然部分学生通过在校实践形成了较为稳定的人格结构，具有一定的自我调节能力，但有部分学生会因为学业及就业中的一些挫折致使人格结构产生剧烈变化，可能会使大学四年的培养毁于一旦，这一点也要引起高校思想教育工作者的重视。

第三节　当代儿童及青少年的健康人格塑造

当前中小学的教育工作是以培养社会下一代所需要的人才为重要责任的，而儿童及青少年群体能否满足社会需求，成为符合国家和民族发展需要的人才，其人格素质水平极为重要。国外学界的相关研究共识表明在个体的成功案例中智商只发挥不到两成的作用，超过八成作用在于社会环境因素与个体的人格特质，其中个体的人格特质显得尤为重要。

早在我国的春秋时期，孔子就说过"大学之道，在明明德"，明确了教育的首要作用在于教会学生做人。如果教育者只关注学生知识的培养而忽略人格的培养，这样会给学生带来巨大的不良影响。尽管学生的知识丰富，但由于缺乏足够良好的人格素养，因而其可能会产生一些危害社会的行为，这样的人在历史长河中不胜其数。甚至美国总统罗斯福都提出：教育一个人的知识而忽略他的品德是为社会增加危险的举动。由此可见，要想将当代的儿童及青少年培养成符合社会发展需求的、全面性的人才，需要着重对其人格进行培养，加强素质教育工作。

一、开展儿童及青少年人格教育的原则

个体人格特质的形成有先天遗传因素也有后天的环境作用，这种由遗传、教育、家庭等多种因素综合作用产生出的个体人格对于个体的人生发展有着重要影响。在现代社会发展条件下，家庭、学校教育、社区文化及传媒手段对于儿童及青少年的教育发挥着巨大的作用。由于儿童及青少年群体处于个体人格形成和生理发育的关键时期，其人格形成特点与成年群体不尽相同，因此对其开展人格教育工作需要有所区分，并遵循以下三大原则。

（一）早期教育原则

根据人格发展理论的多项研究表明，个体早期的经验积累对其人格的塑造和发展有着重大影响。一旦家庭及学校忽视了对儿童及青少年的早期教育，则会对他们的人格发展带来难以挽救的损失。

在精神分析学派的理论中，研究者特别强调个体儿童时期的经验认知对其人格的影响作用。在他们看来，婴幼儿期是进行人格塑造的关键时机。对此东西方的学者有着相近的论述。孔子提出了少成若天性。苏联教育界更明确地说，在5岁以前所做的一切等于整个教育中90%的工作。这些不同的阐述都表明了早期教育的人格塑造作用。

早期的人格教育对个体在人生的早期快速成长阶段进行人格层面的介入，通过适当的引导方式对个体的人格发展方向及人格特质进行影响，从而形成健康牢固的人格体系，对个体的人生发展产生正向的影响作用，在此阶段的人格

特质会成为个体的终生行为准则，例如这个时期儿童所学会的礼貌用语及做事态度都会影响到个体的成长过程。同样，如果这个时期个体未受到良好的人格教育则极易养成不良习惯，即便长大后也很难良好地适应社会生活，所以说，早期教育对于儿童及青少年的人格塑造有着巨大作用。

（二）协同教育原则

人格特质并不是天生就拥有的，而是受到后天环境的影响及教育的作用逐渐养成的。

作为个体成长的首个环境，家庭环境对儿童及青少年的成长起着关键性作用。家庭的经济水平与政治地位、家长的教育方式与教育水平、家庭关系的亲疏与氛围的好坏、儿童在家庭中的角色地位等，这些家庭环境中的诸多因素对儿童及青少年的人格塑造都有着重大影响。良好的家庭教育环境能够促使孩子更好地往健康的方向发展，而不良的教育方式则可能使得孩子的认知陷入误区，对其人格的形成产生巨大的不利影响。

学校一直以来被视为是社会环境的微观体现。学生在学校中所扮演的角色如同个体在社会中的角色地位一样。学生在学校中受到教育熏陶及环境影响，形成了为人处世的方式，也随之形成了自己的人格特质。在学校环境中，老师所扮演的角色作用不容忽视。如果学校的教师注重思想教育工作，会给学生的成长带来巨大的帮助，可以真正发挥其导师的作用。但如果学校教师忽视这方面的工作内容，再加上不合理的教育方法，使得学校的教育与家庭的教育产生严重的脱节，会给学生的不良人格特质的唤醒与发展提供土壤，使儿童及青少年的人格发展处于不利的环境中。

当前社会处于纷繁复杂的变革阶段，社会中的不正之风使人与人之间形成了非正常化的社会关系，这种不良的社会关系导致了严重的道德滑坡，这些环境上的变化都会给儿童及青少年的成长带来不利的影响。

加强对儿童及青少年的人格教育工作，需要有机地将家庭教育、学校教育与社会教育等方面协同开展。如果此三方面的教育标准与教育内容不统一，会使得儿童及青少年在心中产生较大的认知冲突，这种思想混乱的情况会阻碍人格的健康发展，更谈不上对人格发展的积极塑造作用。因此协同教育显得尤为重要，社会中多方主体要在思想上进行统一，充分认识到教育的社会性作用及社会与家庭的教育性功能。不仅学校的老师等教育工作者对儿童及青少年发挥着重要作用，孩子的父母及社会环境也会对儿童及青少年群体的人格发展产生重大影响。这些周边的环境要素甚至会影响数代人的成长，因此在人格培养过程中，充分发挥家庭、学校与社会的教育性作用，形成教育协作，共同促进学生人格的健康发展尤为重要。

（三）自我教育原则

现在教育界都提倡终身学习的概念，这种终身学习在一定意义上是一种终身的自我教育过程。人格教育也应当贯穿个人成长发展的始终。教育的作用和功能的发挥是以受教育者接受教育为前提的。在此基础上，如何发挥自我的能动性进行自我教育是教育工作的关键。

在人格培养工作中，人格的教育内容特别强调了自尊、自爱与自重，并且提倡自我完善的乐观精神和积极向上的生活态度。只有这样，儿童及青少年的人文素养才能适应社会发展需求，才能更好地服务于社会需要。

自我教育也是对外部教育及周边环境影响的进一步内化教育，通过学生积极发挥其主动性，进一步推动人格的形成和完善。为了确保人格形成过程中各种特质的相对稳定性，人格的自我教育要包含自我反省、自我认知、自我调节等关键环节。

自我反省即学生要经常性地对自身的言行举止进行反省。对外部环境中的一些优良的行为表现要积极学习吸收，对自己进行良好人格的塑造，而对于外部环境的一些糟粕，要联系到自身，反省自己是否有同样的不足，并对不足之处加以调整。

一个良好的自我认知和自我评价可以帮助学生客观全面地认识自己，即便在成长过程中获得一些小成就也不过于膨胀；同时要避免自我贬低，要善于总结自身的长处，也要善于发现自身所存在的不足，通过对自我全面的认知，在实际中对自己不断进行强化提升，帮助自己建立人格。

在争取自我认知与评价的基础上，还要充分进行自我调节，以发挥自己的长处，对自己的不足之处进行弥补，这也是个体成长进步的重要方面。在整个自我教育的过程中，个体要保持积极乐观的心态，帮助自己积极地面对生活。

同时在义务教育阶段，在进行自我人格提升的同时也不能忽视文化知识的学习。马克思主义观下的人才是全面发展的人才，中国特色社会主义所需要的人才是德、智、体、美协调发展的人才。我国的儿童和青少年在成长的过程中要注重对真、善、美的融汇贯通，帮助自己形成良好的人格，同时也让自己能够得到全面的发展。

健全的人格特征是理想化的人格模式特点，也是当代儿童及青少年所需追求的人格标尺，在此标尺下，帮助原有的个体人格类型逐步发展健全，使得学生的素质得到提升，这也是当代学校教育工作的根本任务之一。健康人格培养工作是一项综合施教的教育性系统工程，在树立良好的培养目标，计划好正确的实施内容后，通过恰当的形式将人格培养工作纳入到德、智、体、美、劳等多方面教育活动中。实际上，在现在的学校教育工作中，不同学科的教育内容均涉及人格教育，这也与我国的教育工作者在进行教学纲要设计时就充分考虑了儿童及青少年人格教育工作的重要性有关。在此背景下，学校教育也应有效落实中央的教育工作部署，将学生的人格培养工作纳入到教育总体规划中，统一落实，帮助当代儿童及青少年人格健康发展。

二、加强对儿童及青少年人格培养实践探索

人格培养的过程是一种对学生人格结构的重塑过程，通过针对性的教育灌输和训练指导，使得学生中人格结构中的部分特质协调发展，实现不同特质的相平衡，进而使得个体人格结构得以健康均衡发展。

关于人格培养的方法学界尚未有完整的体系，人格培养工作主要在教育实践工作中进行体现，由于相关理论成型较晚，经验积累有限，相关的实践尚不成熟，因此需要教育工作者积极探讨各类适当的教育方法，遵循人格培养的相关原则要求，实现儿童及青少年人格的健康发展。

（一）转变学校机构管理方式

国内学校类型多样，有民办学校和公办学校，管理类型比较复杂，不同的管理理念在学校教育中发挥着不同的作用，有些学校强调德治管理，有的学校强调法治管理，各种管理方式对人格培养工作有着不同的影响，有些强调规章制度对人的管理作用，进而忽略了人格对于个体发展的规范化作用。因此在义务教育阶段需重点开展人文教育工作，重视个体的能动性，并引导学生在管理过程中实现自我的完善，帮助个体进行人格的塑造。在此过程中学校要积极践行人文教育理念，并围绕此重点加强师资队伍建设，建立良好的师生关系，使得学生能够在良好的环境下成长学习。

（二）构建中小学人格教育教学模式

人格教育的教学模式的构建是对学校人格教育学校教学活动及教学行为

的理论概括和总结。教学模式的构建有助于教学质量的提升,人格教育工作更有助于提升其师资力量。

中小学的人格教育教学模式的构建首先需要建立可操作性的教育目标,围绕当前国内关于中小学教育工作目标的设定,积极促进儿童及青少年的心理健康发展,帮助学生形成良好的人格特质,在此目标基础上进行分年级、分学科的教学体系建立。

在相关教学体系建立之后,还要根据整体性的原则结合人格教育的相关内容需求对其课程进行设定,并要求在校教师要根据人格教育目标,充分分析和掌握不同学科教育方法,确保不同学科之间的人格培养内容能够整体、统一地影响到学生,实现儿童及青少年的全面素质提升。

(三)开设健康人格教育课程

当前虽然有很多关于学生健康人格培养的书籍,但将健康人格培养列入学校课程计划中的比较少。一方面,这是由于我国应试教育观念根基深厚,家长及社会对学生的评价主要根据分数,这种唯分数论使得学校及社会忽视了对学生的人格教育工作。另一方面,这种应试教育观也给当代儿童及青少年成长带来了沉重的心理压力,因此通过开设健康人格教育课程,可以帮助学生积极认识到自身的身心发展特点,并对自身成长过程中可能遇到的心理问题和人格障碍加以克服和避免,促进其自身心理素质的提升,充分发挥主动性使自己的人格特质全面协调发展。

(四)开展心理健康咨询服务

由于儿童及青少年所处的成长阶段,其社会认知及自我认知是一个剧烈发展变化的阶段,在此过程中儿童及青少年群体会有很多的心理问题,但当前社会对于学生群体的心理健康咨询服务工作尚不重视。学校通过心理咨询服务的设立,围绕学生开展常规性的咨询服务,可以及时有效地帮助儿童及青少年消除其在成长个过程中的一些心理障碍,并且可以充分发挥引导性功能,帮助成长中的学生进行人格特质的塑造,促使其发展和形成的健全人格。同时,心理健康咨询还有着很多教育途径无法替代的功能,心理健康咨询是一个双向互动的过程,学生就自我心理问题与心理咨询师沟通,可以帮助自己对问题形成良好的更加清晰的认知,这可有效弥补儿童及青少年认知水平较低的缺陷,更好地发挥了健康人格培养的作用。

第四节　当代大学生的健康人格塑造

一、当代大学生健康人格塑造的目标

我国当前实施的教育是素质教育，主张是全面发展人的学习能力、道德素质、劳动素质、身体素质以及心理素质等，注重人的个性培养和全面发展，使受教育者能够适应社会发展要求，为增强综合国力、实现社会主义现代化培养人才。因此，当代大学生健康人格的塑造主要有以下几个目标：

第一，能够正确认识和评价自己。要对自己的优势和缺点有客观而清晰的认识，既不会有超出自身能力的期待，更不会自卑，同时能够正确认识周围环境，与之和谐相处。

第二，具有社会责任感与道德意识。当代大学生应具备正直善良、诚实守信、乐观积极、乐于助人等道德素质。同时，作为具备一定知识储备的学生，应利用自身能力承担起社会责任和历史使命。

第三，具有创新意识和创造能力。要在对自身具有充分认知的前提下，积极开展创造活动。拥有健康人格，积极看待生活，拥有创新的能力和动机，渴望以创新推动社会进步和生活进步，而在每一次创新举动之后都能获得满足感，这一满足感又继续促进创新的进行，如此循环往复。

第四，具有良好的社会适应能力。能够与他人和谐相处，建立良好的人际关系，能够适应新生活，正确处理面临的压力。人格健康者在进行社会交往时，能够主动站在他人角度思考问题，尊重他人意见，善于与他人进行沟通，因此社会交往比较顺畅，能够获得来自他人的友情。同时，在面对社会环境时，人格健康者能够积极面对生活，处理好在学习和工作上面临的挑战和困难，积极学习必备的社会技能，能够紧跟社会发展变化而不落伍。

第五，心理结构平衡而和谐。人格健康的大学生们的价值观念、内在需求、个人能力、兴趣爱好等具有一致性，能够和谐共处，没有本质上的矛盾。他们全面发展自身素质，严格要求自己，言行一致，遵守法纪和道德规范。

第六，积极向上。人格健康的大学生乐观地对待生活，对未来充满信心，热爱学习，不惧困难。

第七，拥有健康的审美。人格健康的大学生能够自觉抵制不健康的思想和行为，远离黄、赌、毒等危险有害的行为。

二、当代大学生健康人格塑造的基本原则

大学时期是大学生人格发展的重要阶段，在这一阶段，人格由不稳定走向稳定，由幼稚走向成熟。学校在这一人格塑造过程中担任了引导者、教育者与评价者的角色，主要按照以下几个原则进行对大学生健康人格的塑造：

第一，以人为本，充分发挥学生自身潜能。所谓以人为本原则，是指在社会活动中坚持人是活动的目的，充分发挥人的主观能动性，实现人的根本需求。培养大学生健康人格的过程中坚持以人为本原则，要求高校对学生保持尊重、信任态度，满足学生合理需求，在教育活动中坚持平等与民主，全面培养学生的综合素质。另外，高校还应充分发挥学生的积极性和主观能动性。要采取合理的奖惩措施，提高学生学习的积极性，充分发挥学生潜能，使其掌握更为扎实的专业技能和社会生活技能；要让学生学会正确处理个人利益与集体利益的关系，具备集体主义精神；要引导学生正确认识自我和评价自我，设立积极向上同时不过于超过自身能力的人生目标；要让学生具备良好的道德素养，能够自觉抵制不良行为，防止形成诸如反社会型人格等人格障碍。

第二，坚持个人与社会相统一原则。人具有社会性，因此大学生在追求个性和个人理想的过程中，也要实现自身的社会化，为社会发展贡献力量。高校在塑造大学生健康人格的过程中，既要培养其个人技能，塑造其独特性，又要注重培育大学生具有社会发展要求所需的能力和人格特质，使大学生具有乐于助人、积极向上的优秀品质以及与他人和谐相处的社会交往能力，使社会合作氛围更为浓厚。

第三，坚持塑造健康人格的整体性原则。大学生的健康人格结构包括多个方面，如体能素质、心理素质、道德素质、专业技能等多个方面，这些方面相互联系、相互影响、相互促进，因此塑造大学生健康人格不是培养和发展某一个单方面的素质，而是使这些方面全面发展，进行整体性、统一性的塑造，缺少任何一个方面的塑造都很容易导致不良人格的产生。而全面塑造大学生的健康人格，仅仅依靠学校力量是不行的，需要学校、家庭和社会三方面发挥合力。

第四，坚持创新性与发展性原则。社会处于不断发展的过程之中，对当代大学生的具体要求也在不在发生变化，因此大学生健康人格的塑造也要与时俱

进，按照社会发展需求不断进行创新发展。对此，要在联系社会实践的前提下，尊重大学生自我发展的独特性，同时将社会中具有教育意义和典型意义的健康人格者作为大学生塑造健康人格需要学习的榜样进行宣传；另外，要不断向大学生灌输最新的科技文化等成果，提高大学生的科学文化素质，丰富大学生的精神生活，有助于大学生从中汲取先进力量，为培养健康人格提供营养；还要综合运用传统媒体与新兴媒体的力量，普及健康人格相关知识，宣扬正能量，推动大学生健康人格的塑造进程。

三、塑造大学生健康人格的路径

（一）不断加强人格教育

人格的形成和发展是先天因素和后天因素的共同作用，先天因素如遗传等具有不可控性，而后天因素包括家庭环境、学校教育和社会文化等多种因素，这些因素是可以控制可以调节的。因此有必要对大学生进行人格教育并不断采取措施改进这一教育方法和过程，实现提高学生认知能力、健全学生思维方式、完善学生情感态度、培养学生健康心理等目标，推动学生的价值观念、情感态度和认知水平和谐统一发展，塑造学生健康人格。

不断加强学生的人格教学，首先要从教育理念下手，即坚持以人为本的教育理念。高校教师在进行教育活动时，要以学生为主体，充分发挥学生的主观能动性，激发学生学习的积极性和主动性，同时尊重学生，在教学实践活动的制定中征求学生意见。另外，在制定教学内容时，要以学生掌握知识和技能为出发点和目的。其次，要在日常教学工作中注入人格教育相关知识。各个学科的教师都要有意识地向学生传播健康人格的重要意义以及应该用何种标准要求自己。学校要形成重视人格教育的环境，为塑造大学生健康人格提供助力。另外，一些人出现人格障碍是因为对自身、对社会、对知识的认知水平较低，无法理解自身心理活动以及社会运作方式，因此，有必要拓展学生知识的丰富程度，使学生的视野更为广阔，与人交往更为顺畅，同时更为理智和自信，能够有效避免形成不良人格。马克思说，人的本质是社会关系的总和。个体在社会上生存，必然需要与他人交往，在交往的过程中表现自己、完善自己，同时也展示了自己的人格。因此，我们说人际交往是个体人格得以确立和发展的重要条件。当个体成为社会人开始，便以交往的姿态存在着，其人格的形成发展会受到社会环境的影响。社会环境基本是通过家庭、学校、社会舆论等人际交往渠道影响个体身心的，当这种影响积淀到一定程度，便成为一种比较稳定的价值取向。由此可见，个体的人格在人际交往过程中形成，若能自然地融入社会，与他人友好相处，成为社会人，就很容易形成健康的人格。

（二）发挥家庭、学校与社会的合力

家庭环境、学校教育与社会环境是大学生人格形成与发展的重要因素，因此在塑造大学生健康人格的过程中，必须综合发挥三方力量，缺少任何一方的作用，都会使得人格教育工作的效果大打折扣。同时，由于大学生群体有着自己独特的认知与理解，其对家庭、学校及社会的人格教育工作存在一定对抗性，在这种对抗性无法消除的情况下，可能使得人格教育中四个方面之间存在的不同认知得以激化，成为更严重的问题，因此家庭、学校及社会需要采取良好的配合，充分协同，以一致性的行动对大学生人格进行循序渐进的影响教育。

在塑造大学生健康人格的过程中要形成统一的任务目标。由于大学生群体为我国社会主义建设事业的重要人才力量，对大学生健康人格的培养工作关系到党和国家发展的前途命运。三方需要认真学习领会党中央关于大学生教育工作的指导意见和方针政策。根据建设和谐社会的需求，着重对大学生开展健康人格的教育工作，以家庭为支撑、以学校为媒介、以社会为载体，共同为大学生的健康人格塑造营造良好的思想道德环境。同时，不同方面力量要发挥不同的能动性，并且要充分配合。校园是大学生日常生活和学习的主要场所，也是进行人才培养和教育工作的重要阵地，所以学校对于大学生人格塑造和思想教育工作承担着重要的责任。学校要坚守正确的政治取向，充分认识到学校的工作与社会主义事业建设任务的关系，围绕社会主义建设者和接班人这个目标，学校在进行日常专业文化知识教育的同时也要重点加强思想政治意识的教育工作，让大学生拥有足够的党性、政治性，帮助大学生群体围绕社会主义建设和中华民族复兴的伟大使命树立正确的人生观与价值观。家庭在此过程中要充分发挥其支持作用，配合学校对大学生进行良好的思想教育，通过亲情因素帮助大学生认真学习贯彻和领会学校的相关要求。

对于家长而言，不仅要为子女做好受教育的物质保障，还要为子女提供良好的精神支持，通过频繁的感情交流，使得大学生能够积极配合学校的教育指导工作，同时家长还要与学校之间形成紧密的联系，及时了解领会学校的教育理念和相关教育内容，以在对大学生人格培养工作中形成良好的配合度，达到

事半功倍的效果。社会作为大学生成长的重要环境，应该充分整合挖掘相关教育资源，并且充分发挥相关人、事、地的示范性教育功能，对大学生进行社会主义核心价值体系的教育工作，促进大学生的人格培养工作健康发展。

（三）强化学校与教师的教育功能

对于学生而言，教师所发挥的不仅是教育功能，更是一种模范作用，能够直接的影响到学生的人格特质的形成。因此，一个具有良好人格特征的教师在学生的教育中显得尤为重要。教师要充分发挥其示范作用，在教学活动中要注重自身的一言一行，要将健康人格中的优良特质以潜移默化的形式传递给学生，帮助学生进行健康人格的塑造。

除了教师的示范性作用，学校的文化环境对于大学生的人格发展也有着紧密的影响。高校文化从某种程度上说是社会文化的缩影，这种文化环境是由在校师生共同创建的。学校应将校园文化建设工作纳入到自身的重点工作中，以校园文化环境的建设，对大学生进行耳濡目染的影响，通过良好校风的营造，为大学生的人格塑造提供良好的外在环境。

同时，学校环境的营造并不仅仅对学生人格健康发展发挥作用，同时这也能够成为学校独特的基础优势，是高校文化品味的象征，以此为名片进行打造，可以在高校交流及招生中发挥重要的带动作用。

（四）强化大学生的自我完善机制

外在优良的环境及教育条件极大地促进了大学生的人格健康发展。但是在同样的环境条件下依然存在一些具有道德品质低下、人格病态化等特点的人。这就与个体自身内部的人格机制密切相关，人格具有一定的自我完善性，外部环境的影响是个体人格发展的刺激性因素，而人格的内部机制则决定了人格发展的状态，在缺乏一定的自我完善机制时，再好的外部环境营造也是毫无意义的。人格塑造过程是一种具有主观性的自我教育过程，这个过程中大学生要形成良好的自我认知，并且逐步唤醒自我意识，因此要结合教育工作的以人为本的特征，引导大学生充分发挥自身的主动性，让他们在对自己形成清晰完整的认知情况下，对人格中存在的缺陷加以弥补和提升。

同时，自我反省也是个体人格自我完善机制的一种反映。作为大学生自我人格完善的主要途径之一，大学生通过常态化的自我反省，对自身不良人格特质加以剔除，并对外部的一些良好人格特征加以汲取和融合，实现自身人格结构的完整构建和提升。

（五）建立一定的心理健康干预机制

对于大学生而言，其自身的人格结构渐趋成熟，对于外部的认知存在一定的对抗性，这也是大学生自我意识的一种体现。对于大多数在校大学生而言，其人格结构及心理健康水平是相对良性的，但是大学生尚未有足够的人生阅历，对于很多心理问题认知模糊，缺乏对自我心理健康水平的重视，致使很多不良心理得以存在并生根发芽，使得大学生的人格教育与培养存在潜在的负面冲击。因此，高校需充分发挥其责任作用，在校园中建立相应的心理健康干预机制，及时为大学生提供心理健康咨询服务，帮助大学生正确、客观看待自身所存在的心理问题，并将一些不良心理扼杀在摇篮中，实现大学生身心和谐健康发展。

参考文献

一、中文文献

[1] [美]奥苏伯尔.教育心理学:认知观点[M].佘星南,宋钧,译.北京:人民教育出版社,1994.

[2] [美]班杜拉.社会学习理论[M].陈欣银,李伯黍,译.沈阳:辽宁人民出版社,1989.

[3] [美]班杜拉.思想和行动的社会基础:社会认知论[M].林颖,译.上海:华东师范大学出版社,2001.

[4] [美]鲍尔,希尔加德.学习论:学习活动的规律探索[M].邵瑞珍,皮连生,吴庆麟等,译.上海:上海教育出版社,1987.

[5] [美]比格.学习的基本理论与教学实践[M].张敷荣,张粹然,王道宗,译.北京:人民教育出版社,1991.

[6] 陈琦,刘儒德.当代教育心理学[M].北京:北京师范大学出版社,2007.

[7] 方富熹,方格.儿童发展心理学[M].北京:人民教育出版社,2005.

[8] 方展画.罗杰斯"学生为中心"教学理论述评[M].北京:教育科学出版社,1990.

[9] 冯忠良.学习心理学[M].北京:教育科学出版社,1981.

[10] [美]弗里德曼.社会心理学[M].高地,高佳,译.哈尔滨:黑龙江人民出版社,1985.

[11] 高觉敷,叶浩生.西方教育心理学发展史[M].福州:福建教育出版社,1996.

[12] 高申春.人性辉煌之路:班杜拉的社会学习理论[M].武汉:湖北教育出版社,2005.

[13] 高玉祥.个性心理学[M].北京:北京师范大学出版社,2002.

[14] 郭永玉.人格心理学导论[M].武汉:武汉大学出版社,2007.

[15] 郭永玉,贺金波.人格心理学[M].北京:高等教育出版社,2011.

[16] [美]赫根汉.人格心理学导论[M].何瑾,冯增俊,译.海口:海南人民出

版社,1986.

[17] [美]约翰·布鲁德斯·华生.行为主义[M].李维,译.杭州:浙江教育出版社,1998.

[18] 黄希庭.人格心理学[M].杭州:浙江教育出版社,2002.

[19] 江光荣.人性的迷失与复归:罗杰斯的人本心理学[M].武汉:湖北教育出版社,2000.

[20] [德]库尔特·考夫卡.格式塔心理学原理[M].黎炜,译.杭州:浙江教育出版社,1997.

[21] 雷永生,王至元,杜丽燕,等.皮亚杰发生认识论述评[M].北京:人民出版社,1987.

[22] 李伯黍.品德心理研究[M].上海:华东化工学院出版社,1992.

[23] 李伯黍,燕国材.教育心理学[M].上海:华东师范大学出版社,1993.

[24] 李其维.破解"智慧胚胎学"之谜:皮亚杰的发生认识论[M].武汉:湖北教育出版社,1999.

[25] 林崇德.学习与发展[M].北京:北京师范大学出版社,1999.

[26] 林崇德.发展心理学[M].2版.北京:人民教育出版社,2009.

[27] 刘电芝.学习策略研究[M].北京:人民教育出版社,1999.

[28] 刘永芳.归因理论及其应用[M].济南:山东人民出版社,1998.

[29] 卢家楣.情感教学心理学[M].上海:上海教育出版社,1993.

[30] [苏]鲁宾斯坦.关于思维和它的研究道路[M].赵璧如,译.上海:上海人民出版社,1963.

[31] 鲁洁,王逢贤.德育新论[M].南京:江苏教育出版社,1994.

[32] 鲁忠义,杜建政.记忆心理学[M].北京:人民教育出版社,2005.

[33] 陆有铨.皮亚杰理论与道德教育[M].济南:山东教育出版社,1984.

[34] [美]罗杰斯.当事人中心治疗[M].李孟潮,译.北京:中国人民大学出版社,2004.

[35] [美]罗杰斯,杰罗姆·弗赖伯格.自由学习[M].伍新春,译.北京:北京师范大学出版社,2006.

[36] [美]罗杰斯.个人形成论[M].杨广学,译.北京:中国人民大学出版社,2004.

[37] 皮连生.智育心理学[M].2版.北京:人民教育出版社,2008.

[38] [瑞士]皮亚杰.皮亚杰教育论著选[M].卢濬,选译.北京:人民教育出版

社,1990.

[39] [瑞士]皮亚杰.儿童的道德判断[M].傅统先,陆有铨,译.济南:山东教育出版社,1984.

[40] [瑞士]皮亚杰.结构主义[M].倪连生,王琳,译.北京:商务印书馆,1984.

[41] [瑞士]皮亚杰.发生认识论原理[M].王宪钿,译.北京:商务印书馆,1981.

[42] 戚万学.冲突与整合:20世纪西方道德教育理论[M].济南:山东教育出版社,1995.

[43] 乔炳臣,潘莉娟.中国古代学习思想史[M].北京:人民教育出版社,1996.

[44] [美]桑代克.人类的学习[M].李月甫,译.杭州:浙江教育出版社,1998.

[45] [美]桑代克.教育心理学概论[M].陆志韦,译.北京:商务印书馆,1928.

[46] 邵郊编.生理心理学[M].北京:人民教育出版社,1999.

[47] 邵瑞珍.教育心理学[M].上海:上海教育出版社,1997.

[48] [美]申克.学习理论:教育的视角[M].韦小满,译.南京:江苏教育出版社,2003.

[49] [美]斯金纳.科学与人类行为[M].谭力海,译.北京:华夏出版社,1989.

[50] 王登峰.心理学研究的中国化:理论与策略[M].北京:中国轻工业出版社,2012.

[51] 王登峰,崔红.解读中国人的人格[M].北京:社会科学文献出版社,2005.

[52] [俄]列夫·维果茨基.社会中的心智:高层次心理过程的发展[M].蔡敏玲,译.台北:心理出版社,1997.

[53] [俄]列夫·维果茨基.教育心理学[M].龚浩然,译.杭州:浙江教育出版社,2003.

[54] [俄]列夫·维果茨基.思维与语言[M].李维,译.杭州:浙江教育出版社,1997.

[55] [俄]列夫·维果茨基.维果茨基教育论著选[M].余震球,译.北京:人民教育出版社,1994.

[56] [美]维纳.人类动机:比喻、理论和研究[M].孙煜明,译.杭州:浙江教育出版社,1999.

[57] 吴庆麟. 教育心理学[M]. 北京:人民教育出版社,1999.
[58] 伍新春. 高等教育心理学[M]. 北京:高等教育出版社,1999.
[59] 伍新春,胡佩诚. 行为矫正[M]. 北京:高等教育出版社,2005.
[60] 伍新春,冯忠良. 人本主义教育心理学与教学改革[J]. 宁波大学学报(教育科学版),2000,22(1):21-26.
[61] [美]欣茨曼. 学习与记忆心理学[M]. 韩进之,译. 沈阳:辽宁科学技术出版社,1986.
[62] 许燕. 人格心理学[M]. 北京:北京师范大学出版社,2008.
[63] 杨国枢,文崇一,吴聪贤,等. 社会及行为科学研究法[M]. 台北:东华书局,1991.
[64] 杨韶刚. 人本主义心理学与教育[M]. 哈尔滨:黑龙江教育出版社,2003.
[65] 乐国安. 从行为研究到社会改造:斯金纳的新行为主义[M]. 武汉:湖北教育出版社,1999.
[66] 张爱卿. 学与教的历史轨迹:20 世纪的教育心理学[M]. 济南:山东教育出版社,1995.
[67] 张爱卿. 放射智慧之光:布鲁纳的认知与教育心理学[M]. 武汉:湖北教育出版社,1999.
[68] 张春兴. 教育心理学:三化取向的理论与实践[M]. 杭州:浙江教育出版社,1998.
[69] 张庆林. 当代认知心理学在教学中的应用[M]. 重庆:西南师范大学出版社,1995.
[70] 郑雪. 人格心理学[M]. 广州:暨南大学出版社,2017.
[71] 郑毓信,梁贯成. 认知科学、建构主义与数学教育[M]. 上海:上海教育出版社,1998.

二、外文文献

[1] Манёров В Х. Психодиагностика личности по голосу и речи: учебное пособие [М]. Санкт-Петербург: Издательство РГПУ им. А. И. Герцена, 1999:95.
[2] Коржова Е Ю. Психология личности: типология теоретических моделей [М]. В 3-х частях. Биробиджан: ИЦ ПГУ им. Шолом-Алейхема, 2015: 162,139,171.
[3] Ван Хаоюй. Особенности направленности личности китайских студентов, обучающихся в Китае и в России[М]//Вестник Орловского государственного

университета,2014:265-269.

[4] Манёров В Х. Кпроблеме состояния совести современного человека[M]// Vсъезд Общероссийской общественной организации. Российское психологическое общество. Москва:Российское психологическое общество,2012:280.

[5] Карандашев В Н. Методика Шварца для изучения ценностей личности: концепция и методическое руководство[M]. Санкт-Петербург: Речь, 2004: 70.

[6] Фрейджер Р. Фейдимен Дж. Личность: теории, эксперименты, упражнения [M]. 5-е междунар. изд. Пятое международное издание: Пер. с англ. Санкт-Петербург:Прайм-Еврознак;Москва:Олма-Пресс,2001:863.

[7] Составитель Л В,Куликов. Психология личности в трудах зарубежных психологов[M]//Серия. Хрестоматия по психологии. изд. Питер,Санкт-Петербург,Москва,Харьков,Минск,2000.

[8] Посохова С Т. Психология адаптирующейся личности[M]. Санкт-Петербург: Изд-во РГПУ им. А. И. Герцена,2001:240.

[9] Аверин В А. Психология личности[M]. Санкт-Петербург:Изд-во Михайлова В. А. ,1999:89.

[10] Anderson J R. Learning and memory:An integrated approach[M]. New York:John Wiley & Sons,2000.

[11] Aronson J. Improving academic achievement[M]. New York:Academic, 2000.

[12] Ausubel D P. The acquisition and retention of knowledge: A cognitive view[M]. Boston:Kluwer Academic,2000.

[13] Borich G D. Effective teaching methods[M]. New York:Macmillan,1992.

[14] Borich G D, Tombari M L. Educational psychology: A contemporary approach[M]. New York:Harper Collins. 1995.

[15] Brophy J. Motivating students to learn[M]. Boston:McGraw Hill. 1998.

[16] Bruning R H, Schraw G J, Ronning R R. Cognitive psychology and instruction[J]. N J:Prentice-Hall,1999.

[17] Covington M V. The will to learn:A guide for motivating young people [M]. Cambridge:Cambridge University Press,1998.

[18] Crusec J E,Goodnow J J. Impact of parental discipline methods on the child's internalization of values:A reconceptualization of current point

of view[J]. Developmental Psychology,1994(30):4-19.

[19] Davis C A. Educational psychology:Theory and practice[M]. Reading, MA:Addison-Wesley,1983.

[20] Evenson D H,Hmelo C E. Problem-based learning:A research perspective on learning interaction[M]. Hillsdale:LEA,2000.

[21] Gentner D,Markman,A B. Structure mapping in analogy and similarity [J]. American Psychologist,1997(52):45-56.

[22] Gick M L,Holyoak K J. Schema induction and analogical transfer[J]. Cognitive Psychology,1983(15):1-38.

[23] Glaser R. Advances in instructional psychology(Vols. 1-3). Hillsdale,N J:Lawrence Erlbaum,1987.

[24] Gredler M E. Learning and instruction:Theory into practice[M]. New York:Macmillan,2001.

[25] Novick L R. Analogical transfer:Problem similarity and expertise[J]. Journal of Experimental Psychology:Learning,Memory and Cognition, 1988(14):510-520.

[26] Ormrod J E. Educational psychology:Developing learner[M]. Upper Saddle River,N J:Merrill,1998.

[27] Ormrod J E. Human learning[M]. Upper Saddle River,N J:Prentice-Hall,1999.

[28] Phye G D. Handbook of academic learning:Construction of knowledge [M]. San Diego,CA:Academic,1997.

[29] Pintrich P R,Schunk D H. Motivation in education:Theory,research and applications[M]. Englewood Cliffs,N J:Prentice-Hall,1996.

[30] Skinner B F. The technology of teaching[M]. New York:Appleton-Century-Crofts,1968.

[31] Slavin R E. Cooperative learning:Theory,research,and practice[M]. Boston:Allyn and Bacon,1995.

[32] Slavin R E. Educational psychology:Theory into practice[M]. Englewood Cliffs,N J:Prentice-Hall,2003.

[33] Sloboda J. What is skill? [M]//Gellatly A. The skillful mind:An introduction to cognitive psychology. Milton Keynes:Oxford University Press,1986.

[34] Steffe L P,Gale J. Constructivism in education[M]. Hillsdale,N J:Lawrence

Erlbaum, 1995.

[35] Woolfolk A E. Educational psychology[M]. Englewood Cliffs, N J: Prentice-Hall, 2010.

[36] Zimmerman B J, Schunk D H. Self-regulated learning and academic achievement [M]. Hillsdale, N J: Lawrence Erlbaum, 2001.